普通高等教育“十二五”规划教材
普通高等教育“十一五”国家级规划教材配套用书

机械制造技术基础实验

主　编　王红军　刘国庆

机 械 工 业 出 版 社

机械制造技术基础是机械设计制造及其自动化专业、车辆工程专业、机械电子工程专业等机械类专业的一门专业基础课程。该课程内容涉及的知识面宽、知识点多、综合性强，与实际工程结合紧密。另外，科学技术的迅猛发展不断促进制造技术的发展，新材料新技术也不断涌现，这给本门课程的学习带来了挑战。

本实验教材是为了指导机械工程类高等学校机械类专业学生完成机械制造技术基础实验而编写的，与《机械制造技术基础》（机械工业出版社出版，韩秋实主编）配套使用。本实验教材包含9章，共22个实验项目，每个实验均附有供学生使用的相应的实验报告书。

本实验教材可以作为普通高等院校机械工程类各专业机械制造技术基础课程实验的指导书，也可供高等专科院校机械类专业师生和从事机械工程的技术人员参考。

图书在版编目（CIP）数据

机械制造技术基础实验/王红军，刘国庆主编．—北京：机械工业出版社，2016.6（2025.2重印）
普通高等教育“十二五”规划教材
ISBN 978-7-111-54380-0

Ⅰ.①机…　Ⅱ.①王…　②刘…　Ⅲ.①机械制造工艺—实验—高等学校—教材　Ⅳ.①TH16-33

中国版本图书馆CIP数据核字（2016）第170607号

机械工业出版社（北京市百万庄大街22号　邮政编码100037）
策划编辑：丁昕祯　责任编辑：丁昕祯　余　皞
版式设计：霍永明　责任校对：杜雨霏
封面设计：张　静　责任印制：刘　媛
涿州市般润文化传播有限公司印刷
2025年2月第1版第4次印刷
184mm×260mm・8.75印张・194千字
标准书号：ISBN 978-7-111-54380-0
定价：29.00元

电话服务
客服电话：010-88361066
010-88379833
010-68326294

网络服务
机　工　官　网：www.cmpbook.com
机　工　官　博：weibo.com/cmp1952
金　　书　　网：www.golden-book.com
机工教育服务网：www.cmpedu.com

前　言

机械制造技术基础是机械类专业的专业基础课。本课程对于培养学生机械制造方面的基本素质，提高学生分析和解决工程实际问题的能力起着重要作用，为后续专业课学习及毕业设计打下良好基础。机械制造技术基础是以机械制造工艺和金属切削原理的基本理论和基本知识为主线，并将与之相关的机床、刀具、夹具、装配等内容进行优化整合而形成的技术基础课程。本课程内容主要包括机械加工及设备的基础理论、金属切削原理、金属切削机床与刀具、磨削加工原理、机械加工工艺规程拟订、工件在机床上的安装、机械加工精度分析与控制、机械加工表面质量、机械装配工艺过程设计、机械制造领域的新技术、绿色制造与环境等内容。特别是增加了与目前机械工业发展状况相适应的数控机床、数控加工工艺拟订、计算机辅助制造技术等新知识，形成了内在联系紧密的新体系。

机械制造技术基础围绕产品的加工制造，以机械加工工艺为主线，以优质、高效、低成本、节能减排为宗旨，将涉及的机床设备、金属切削原理与刀具、工艺装备等相关内容有机结合起来，并以这条主线的需求作为取舍的原则，强调以产品质量、生产率、经济性、可持续发展为中心，融入节约能源和绿色制造的理念，内容涉及的知识面宽、知识点多、综合性强，与实际工程结合紧密。科学技术的迅猛发展不断促进制造技术的发展，新材料、新技术不断涌现。要实现与工业企业的无缝连接，需密切关注学科发展，与时俱进地优化课程体系和教学内容，从培养学生的综合工程素质出发，使学生熟悉和掌握基本理论和专业知识，具有能够在理论上进行分析、在实践上具有解决一般技术问题的能力。

实验教学是课程的重要组成部分，很多学校开设了机械制造技术基础实验课程，满足不同层次学生的需要。为了培养高素质应用型人才，科学合理地设置实验项目，我们注重先进性、开放性、综合性和创新性实验的开发，将科研成果转化为教学实验的一部分，形成了从验证性实验→开放性实验→综合性实验的分层次、系统性、科学性的完整课程体系，全面培养学生严谨规范的素养和作风，提高学生的实验技能以及分析、发现和解决问题的能力，使学生具有创新意识和实际动手能力。

从培养学生实际动手能力的角度出发，提供一套实验指导教材，指导学生完成实验设计、实验操作和实验数据的后期处理和结论的形成是非常有必要的。

本实验教材类似于操作手册，具备实际的可操作性。按照机械制造技术基础教材的章节顺序进行实验内容的安排，符合教师和学生的使用习惯。

本实验教材由王红军负责全书筹划并统稿，王红军、刘国庆主编，郑军、张怀存、王成林参编。

本实验教材的出版得到北京市教师队伍建设—教学名师项目（市级）(PXM2014_014224_000080)、北京市人才培养模式创新试验项目（市级）(PXM2014_014224_000087)、北京信息科技大学教学改革项目资助，在此表示衷心感谢！

本实验教材在写作过程中参考或引用了许多专家、学者的资料和文献，均在参考文献中列出，在此向他们表示感谢！

本实验教材是作者在总结多年教学研究与科学研究、教学改革的基础上编写而成的。由于作者水平和学识有限，时间仓促，书中难免存在不足和错误之处，敬请各位读者批评指正！

编　者

目　录

第 1 章　机械加工及设备的基础理论

1.1　车铣刨钻加工方法认知实验

1.1.1　实验目的

（1）掌握通用机床型号编制方法。
（2）掌握车床和铣床的加工方法以及典型工序。
（3）学习了解车、铣、刨、钻的主切削运动和进给运动。

1.1.2　实验设备及仪器

（1）车床、铣床各一台。
（2）刨床、钻床各一台。

1.1.3　实验任务

车削、铣削、钻削和刨削加工方法认知实验的主要任务如下：
（1）了解车床、铣床、钻床和刨床的用途和传动特点。
（2）分析车床、铣床、钻床和刨床的主运动和进给运动。
（3）了解车床、铣床、钻床和刨床加工的典型工序。

1.1.4　实验步骤

（1）由指导老师起动机床、演示空载运转，并介绍各种机床的用途及操作方法。
（2）画出各机床主运动和进给运动的草图。
（3）将相关数据记入实验报告。

1.1.5　实验内容

机床型号是机床产品的代号，用以简明的表示机床的类型、用途和结构特性、主要技术参数等。GB/T 15375—2008《金属切削机床　型号编制方法》规定，我国的机床型号由汉语拼音字母和阿拉伯数字按一定规律组合而成，适用于各类通用机床和专用机床（组合机床除外）。

1. 通用机床型号的编制方法

（1）机床的类代号　用大写的汉语拼音字母表示，并按相应的汉字字意读音。当需要时，每类又可分为若干分类，分类代号用阿拉伯数字表示，放在类代号之前，但第一分类不予表示。机床的类代号、分类代号见表 1-1。

表 1-1　机床类代号和分类代号

类别	车床	钻床	镗床	磨床			齿轮加工机床	螺纹加工机床	铣床	刨插床	拉床	锯床	其他机床
代号	C	Z	T	M	2M	3M	Y	S	X	B	L	G	Q
读音	车	钻	镗	磨	二磨	三磨	牙	丝	铣	刨	拉	割	其

（2）机床的通用特性和结构特性代号　通用特性代号位于类代号之后，用汉语拼音大写字母表示。当某种类型机床除有普通型外，还有如表 1-2 所示的某种通用特性时，则在类代号之后加上相应特性代号。如“CK”表示数控车床；如果同时具有两种通用特性时，则可按重要程度排列，用两个代号表示，如“MBG”表示半自动高精度精密磨床。

表 1-2　机床通用特性代号

通用特性	高精度	精密	自动	半自动	数控	加工中心（自动换刀）	仿形	轻型	加重型	简式或经济型	柔性加工单元	数显	高速
代号	G	M	Z	B	K	H	F	Q	C	J	R	X	S
读音	高	密	自	半	控	换	仿	轻	重	简	柔	显	速

对于主参数相同，而结构、性能不同的机床，用结构特性区分。结构特性代号在型号上无统一含义，它只是在同类型机床中起区分结构、性能不同的作用。当机床具有通用特性代号时，结构特性代号位于通用特性代号之后，用大写汉语拼音字母表示。如 CA6140 中的“A”和 CY6140 中的“Y”，均为结构特性代号，它们分别表示为沈阳第一机床厂和云南机床厂生产的基本型号的普通车床。为了避免混淆，通用特性代号已用的字母和“L”、“0”都不能作为结构特性代号使用。

（3）机床的组别、系别代号　组别、系别代号用两位阿拉伯数字表示，前一位表示组别，后一位表示系别。每类机床按其结构性能及使用范围划分，用数字 0 ~ 9 表示 10 个组。在同一组机床中，又按主参数相同、主要结构及布局型式相同划分，用数字 0 ~ 9 表示 10 个系（组别、系别划分请查阅相关资料）。

（4）机床主参数、设计顺序号及第二主参数　机床主参数是表示机床规格大小的一种尺寸参数。在机床型号中，用阿拉伯数字给出主参数的折算值，位于机床组、系代号之后。折算系数一般是 1/10 或 1/100，也有少数是 1。例如，CA6140 型普通机床中主参数的折算值为 40（折算系数是 1/10），其主参数表示在床身导轨面上能车削工件的最大回转直径为 400mm，各类主要机床的主参数和折算系数见表 1-3。

某些通用机床，当无法用一个主参数表示时，则用设计顺序号来表示。

第二主参数是对主参数的补充，如最大工件长度、最大跨距、工作台工作面长度等，第二主参数一般不予给出。

（5）机床的最大改进顺序号　当机床的性能及结构有重大改进，并按新产品重新设计、试制和鉴定时，在原机床型号尾部加重大改进顺序号，即汉语拼音字母 A、B、C……。

表 1-3　各类主要机床的主参数和折算系数

机　床	主参数名称	折 算 系 数
卧式车床	床身上最大回转直径	1/10
立式车床	最大车削直径	1/100
摇臂钻床	最大钻孔直径	1/1
卧式镗床	镗轴直径	1/10
坐标镗床	工作台面宽度	1/10
外圆磨床	最大磨削直径	1/10
内圆磨床	最大磨削孔径	1/10
矩台平面磨床	工作台面宽度	1/10
齿轮加工机床	最大工件直径	1/10
龙门铣床	工作台面宽度	1/100
升降台铣床	工作台面宽度	1/10
龙门刨床	最大刨削宽度	1/100
插床及牛头刨床	最大插削及刨削长度	1/10
拉床	额定拉力（吨）	1/1

（6）其他特性代号与企业代号　其他特性代号用以反映各类机床的特性，如对数控机床，可用来反映不同的数控系统；对于一般机床可用以反映同一型号机床的变型等。其他特性代号可用汉语拼音字母或阿拉伯数字或二者的组合来表示。企业代号与其他特性代号表示方法相同，位于机床型号尾部，用“—”与其他特性代号分开，读作“至”。若机床型号中无其他特性代号，仅有企业代号时，则不加“—”，企业代号直接写在“/”后面。

根据通用机床型号编制方法，举例如下：

（1）MG1432A　表示高精度万能外圆磨床，最大磨削直径为 320mm，经过第一次重大改进，无企业代号。

（2）Z3040×16/S2　表示摇臂钻床，最大钻孔直径为 40mm，最大跨距为 1600mm，沈阳第二机床厂生产。

（3）CKM1116/NG　表示数控精密单轴纵切自动车床，最大车削棒料直径为 16mm，宁江机床厂生产。

2. 车铣刨钻镗加工方法简介

车床是指以工件旋转为主运动，车刀移动为进给运动加工回转表面的机床，车削的主运动和进给运动如图 1-1 所示。车床可用于加工各种回转成形面，例如：内外圆柱面、内外圆锥面、内外螺纹以及端面、沟槽、滚花等。它是金属切削机床中使用最广，生产历史最久，品种最多的一种机床。车床的种类型号很多，按其用途、结构不同可分为：仪表车床、普通车床、单轴自动车床、多轴自动和半自动车床、转塔车床、立式车床、多刀半自动车床、专门化车床等。近年来，计算机技术被广泛运用到机床制造业，随之出现了数控车床、车削加工

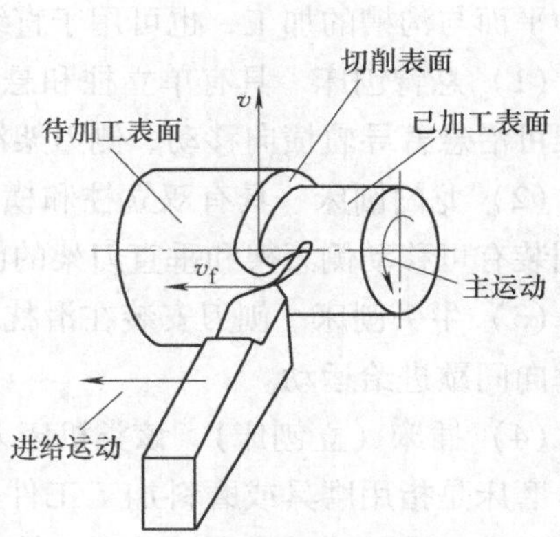

图 1-1　车削的主运动和进给运动

中心等机电一体化的产品。

铣床是指主要用铣刀在工件上加工各种表面的机床。通常铣刀旋转运动为主运动，工件（和）铣刀的移动为进给运动。它可以加工平面、沟槽，也可以加工各种曲面、齿轮等。铣床的种类很多，按其结构分主要有：

（1）台式铣床　小型的用于铣削仪器、仪表用的小型零件的铣床。

（2）悬臂式铣床　铣头装在悬臂上的铣床，床身水平布置，悬臂通常可沿床身一侧立柱导轨作垂直移动，铣头沿悬臂导轨移动。

（3）滑枕式铣床　主轴装在滑枕上的铣床，床身水平布置，滑枕可沿滑鞍导轨作横向移动，滑鞍可沿立柱导轨作垂直移动。

（4）龙门式铣床　床身水平布置，其两侧的立柱和连接梁构成门架的铣床。铣头装在横梁和立柱上，可沿其导轨移动。通常横梁可沿立柱导轨作垂向移动，工作台可沿床身导轨作纵向移动，龙门式铁床一般用于大件加工。

（5）平面铣床　用于铣削平面和成形面的铣床，床身水平布置，通常工作台沿床身导轨作纵向移动，主轴可轴向移动。它结构简单，生产效率高。

（6）仿形铣床　对工件进行仿形加工的铣床，一般用于加工复杂形状工件。

（7）升降台铣床　具有可沿床身导轨垂直移动的升降台的铣床，通常安装在升降台上的工作台和滑鞍可分别作纵向、横向移动。

（8）摇臂铣床　摇臂装在床身顶部，铣头装在摇臂一端，摇臂可在水平面内回转和移动，铣头能在摇臂的端面上回转一定角度的铣床。

（9）床身式铣床　工作台不能升降，可沿床身导轨作纵向移动，铣头或立柱可作垂直移动的铣床。

（10）专用铣床　例如工具铣床：用于铣削工具模具的铣床，加工精度高，加工形状复杂。

刨床是指用刨刀加工工件表面的机床。刀具与工件作相对直线运动进行加工，主要用于各种平面与沟槽的加工，也可用于直线成形面的加工。按其结构可分为以下类型：

（1）悬臂刨床　具有单立柱和悬臂的刨床，工作台沿床身导轨作纵向往复运动，垂直刀架可沿悬臂导轨横向移动、侧刀架沿立柱导轨垂向移动。

（2）龙门刨床　具有双立柱和横梁，工作台沿床身导轨作纵向往复运动，立柱和横梁分别装有可移动侧刀架和垂直刀架的刨床。

（3）牛头刨床　刨刀安装在滑枕的刀架上作纵向往复运动的刨床。通常工作台作横向或垂向间歇进给运动。

（4）插床（立刨床）　该类机床刀具在垂直面内作往复运动，工作台作进给运动。

磨床是指用磨具或磨料加工工件各种表面的机床。一般用于对零件淬硬表面作磨削加工。通常，磨具旋转为主运动，工件或磨具的移动为进给运动，其应用广泛、加工精度高、表面粗糙度 *Ra* 值小，磨床可分为十余种：

（1）外圆磨床　是普通型的基型系列，主要用于磨削圆柱形和圆锥形外表面的磨床。

（2）内圆磨床　是普通型的基型系列，主要用于磨削圆柱形和圆锥形内表面的磨床。

(3) 坐标磨床 具有精密坐标定位装置的内圆磨床。

(4) 无心磨床 工件采用无心夹持，一般支承在导轮和托架之间，由导轮驱动工件旋转，主要用于磨削圆柱形表面的磨床。

(5) 平面磨床 主要用于磨削工件平面的磨床。

(6) 砂带磨床 用快速运动的砂带进行磨削的磨床。

(7) 珩磨机 用于珩磨工件各种表面的磨床。

(8) 研磨机 用于研磨工件平面或圆柱形内，外表面的磨床。

(9) 导轨磨床 主要用于磨削机床导轨面的磨床。

(10) 工具磨床 用于磨削工具的磨床。

(11) 多用磨床 用于磨削圆柱、圆锥形内、外表面或平面，并能用随动装置及附件磨削多种工件的磨床。

(12) 专用磨床 从事对某类零件进行磨削的专用机床。按其加工对象又可分为：花键轴磨床、曲轴磨床、凸轮磨床、齿轮磨床、螺纹磨床、曲线磨床等。

钻床是指主要用钻头在工件上加工孔的机床。通常钻头旋转为主运动，钻头轴向移动为进给运动。钻床结构简单，加工精度相对较低，可钻通孔、不通孔，更换特殊刀具，可扩孔、锪孔、铰孔或进行攻丝等加工。钻床可分为下列类型：

(1) 台式钻床 可安放在作业台上，主轴垂直布置的小型钻床。

(2) 立式钻床 主轴箱和工作台安置在立柱上，主轴垂直布置的钻床。

(3) 摇臂钻床 摇臂可绕立柱回转、升降，通常主轴箱可在摇臂上作水平移动的钻床。它适用于大件和不同方位孔的加工。

(4) 铣钻床 工作台可纵横向移动，钻轴垂直布置，能进行铣削的钻床。

(5) 深孔钻床 使用特制深孔钻头，工件旋转，钻削深孔的钻床。

(6) 平端面中心孔钻床 切削轴类端面和用中心钻加工的中心孔钻床。

(7) 卧式钻床 主轴水平布置，主轴箱可垂直移动的钻床。

镗床是指主要用镗刀在工件上加工已有预制孔的机床。通常，镗刀旋转为主运动，镗刀或工件的移动为进给运动。镗床主要用于加工高精度孔或一次定位完成多个孔的精加工，此外还可以从事与孔精加工有关的其他加工面的加工。按结构和被加工对象分为：

(1) 卧式镗床 镗轴水平布置并作轴向进给，主轴箱沿前立柱导轨垂直移动，工作台作纵向或横向移动，进行镗削加工。这种机床应用广泛且比较经济，它主要用于箱体（或支架）类零件的孔加工及其与孔有关的其他加工面加工。

(2) 坐标镗床 具有精密坐标定位装置的镗床，它主要用于镗削尺寸、形状特别是位置精度要求较高的孔系，也可用于精密坐标测量、样板划线、刻度等工作。

(3) 精镗床 用金刚石或硬质合金等刀具，进行精密镗孔的镗床。

(4) 深孔镗床 用于镗削深孔的镗床。

(5) 落地镗床 工件安置在落地工作台上，立柱沿床身纵向或横向运动。用于加工大型工件。

此外还有能进行铣削的铣镗床，或进行钻削的深孔钻镗床。

1.1.6 注意事项

（1）进入实验室保持安静，严禁吸烟。

（2）经老师同意才能使用并开动设备。

1.1.7 思考题

（1）铣床和刨床的加工表面有什么不同？

（2）举例说明车床加工的几种典型工序。

1.2 磨削加工方法认知实验

1.2.1 实验目的

（1）掌握磨削加工的特点。

（2）掌握磨削加工的范围。

1.2.2 实验设备及仪器

（1）万能外圆磨床1台。

（2）平面磨床1台。

（3）无心磨床1台。

1.2.3 实验任务

（1）学习磨床的工作原理，分析磨床的传动系统。

（2）了解磨床的主要用途、主要部件及其运动。

（3）观察磨床的切削过程及典型工序的加工过程。

（4）了解几种常用磨床的总布局及加工零件的范围。

1.2.4 实验步骤

（1）由指导老师起动磨床，演示空载运转，讲解各种磨床的用途及操作方法。

（2）了解无心磨床的磨轮和导轮的调整原理及方法。

（3）了解砂轮的修整方法。

1.2.5 实验内容

磨削就是利用高速旋转的磨具（砂轮、砂带、磨头等）从工件表面切削下细微切屑的加工方法。

1. 磨削加工的特点

在机械制造业中，磨削加工是对工件进行精密加工的主要方法之一。磨削加工具有以下特点：

（1）切削速度高　磨削加工时，砂轮以 1000 ~ 3000m/min 的高速旋转，由于切削速度很高，产生大量的切削热，工件加工表面温度可达 1000℃以上。为防止工件材料在高温下发生性能改变，在磨削时应使用大量的切削液，降低切削温度，保证加工表面质量。

（2）多刃、微刃切削　磨削用的砂轮是由许多细小的硬度很高的磨粒用结合剂粘结而成，砂轮表面磨粒数量为 60 ~ 1400 颗/cm^2，每个磨粒的尖角相当于一个切削刀刃，形成多刃、微刃切削。

（3）加工精度高，表面质量好　由于磨粒体积微小，其切削厚度可以小到几微米，所以磨削加工的精度较高，可达 IT6 ~ IT5 级，表面质量较好，表面粗糙度 Ra 值可达 0.2 ~ 0.8μm。高精度磨削时 Ra 值可达 0.008 ~ 0.1μm。

（4）磨粒硬度高　砂轮的磨粒材料通常采用 Al_2O_3、SiC、人造金刚石等硬度极高的材料，因此磨削不仅可以加工碳钢、铸铁和有色金属等常用金属材料，而且可以加工其他切削方法不能加工的各种硬材料，如淬硬钢、硬质合金、超硬材料、宝石、玻璃等。

（5）磨削不宜加工较软的有色金属　一些有色金属由于硬度低而塑性很好，砂轮进行磨削时，磨削会粘在磨粒上而不脱落，很快将磨粒空隙堵塞，使磨削无法进行。

2. 磨削加工的范围

磨削的加工范围很广，粗加工时，主要用于材料的切断，倒角，清除工件的毛刺，铸件上的浇、冒口和飞边等工作，如图 1-2 所示。

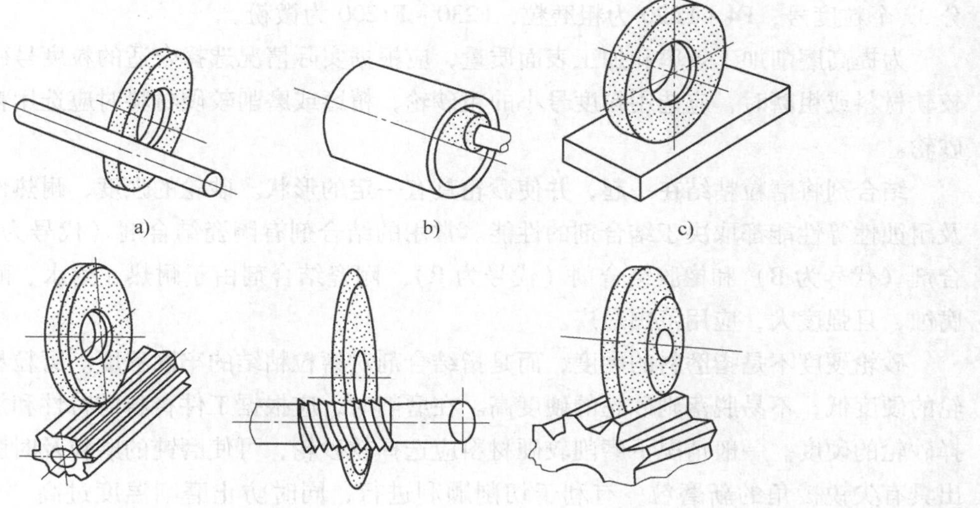

图 1-2　磨削加工
a）磨外圆　b）磨内圆　c）磨平面　d）磨花键　e）磨螺纹　f）磨齿轮

精加工时，可磨削零件的内外圆柱面、内外圆锥面和平面，还可加工螺纹、齿轮、叶片等成形表面。

3. 砂轮简介

砂轮是磨削加工中最常用的磨具，是由许多极硬的磨粒材料经过粘结剂粘结而成的多孔体，如图1-2所示。磨料、粘结剂和孔隙构成砂轮结构的三要素。磨料起切削作用，结合剂使砂轮具有一定的形状、硬度和强度，孔隙在磨削中起散热和容纳磨屑的作用。

砂轮特性包括磨料、粒度、结合剂、硬度、组织、形状和尺寸等。

磨料是砂轮的主要成分，直接担负切削工作。磨料在磨削过程中承受着强烈的挤压力及高温作用，所以必须具有很高的硬度、强度、耐热性和相当的韧性。常用的磨料的种类、代号、性能及应用见表1-4。

表1-4　常用的磨料种类、代号、性能及应用

磨料名称	代号	性能	应用
棕刚玉	A	硬度较高，韧性较好	磨削碳钢、合金钢、可锻铸铁等
白刚玉	WA		磨削淬硬钢、高速钢等
黑色碳化硅	C	硬度高，韧性差、导热性较好	磨削铸铁、黄铜、铝合金等
绿色碳化硅	GC		磨削硬质合金、玻璃、陶瓷等
立方氮化硼	SD	硬度很高	磨削高温合金、不锈钢等
人造金刚石	CBN		磨削硬质合金、宝石等

粒度是指磨料颗粒的大小，即粗细程度。粒度用筛选法分类，以1inch^{2}①的筛子上的孔眼数来表示，粒度号越大，磨粒越细。直径很小的磨粒称为微粉，微粉用显微测量法测量的实际尺寸来表示。粒度号标准依照国家标准GB/T 2481.1.1－2009和GB/T 2481.1.2－2009分37个粒度号，F4～F220为粗磨粒，F230～F1200为微粉。

为提高磨削加工效率和加工表面质量，应根据实际情况选择合适的粒度号砂轮。在磨削较软材料或粗磨时，应选用粒度号小的粗砂轮，精磨或磨削较硬材料时应选用粒度号大的细砂轮。

结合剂将磨粒粘结在一起，并使砂轮具有一定的形状。砂轮的强度、耐热性、耐冲击性及耐蚀性等性能都取决于结合剂的性能。常用的结合剂有陶瓷结合剂（代号为V）、树脂结合剂（代号为B）和橡胶结合剂（代号为R）。陶瓷结合剂由于耐热、耐水、耐油、耐酸碱腐蚀，且强度大，应用范围最广。

砂轮硬度不是指磨料的硬度，而是指结合剂对磨粒粘结的牢固程度。磨粒易脱落，则砂轮的硬度低，不易脱落则砂轮的硬度高。在磨削时，应根据工件材料的特性和加工要求来选择砂轮的硬度。一般情况下磨削较硬材料应选择软砂轮，可使磨钝的磨粒及时脱落，及时露出具有尖锐棱角的新磨粒，有利于切削顺利进行，同时防止磨削温度过高“烧伤”工件。磨削较软材料则采用硬砂轮。精密磨削应采用软砂轮。砂轮硬度代号以英文字母表示，字母顺序越大，砂轮硬度越高。

砂轮的组织表示磨粒、结合剂和气孔三者之间的比例。砂轮的组织号以磨粒所占砂轮体积的百分比来确定。组织号分15级，以阿拉伯数字0～14表示，组织号越大，磨粒所占砂轮体积的百分比越小，砂轮组织越松。一般磨削加工使用中等组织的砂轮，精密磨削应采用

---

① 1inch^2=645.16mm^2。

紧密组织砂轮，磨削较软的材料应选用疏松组织的砂轮。

为了磨削各种形状和尺寸的工件，砂轮可制成各种形状和尺寸。表1-5为常用砂轮的形状、代号。

表1-5　常用砂轮的形状、代号

砂轮名称	代号	简图	主要用途
平形砂轮	1	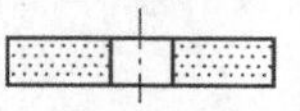	用于磨外圆、内圆、平面、螺纹及无心磨等
双斜边形砂轮	4	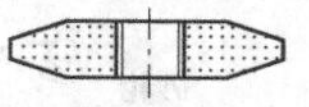	用于磨削齿轮和螺纹
薄片砂轮	41	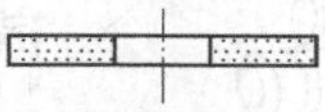	主要用于切断和开槽等
筒形砂轮	2	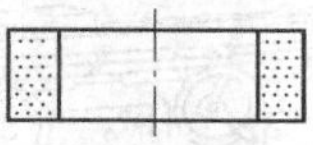	用于立轴端面磨
杯形砂轮	6	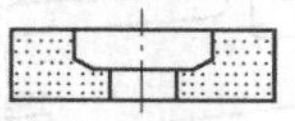	用于磨平面、内圆及刃磨刀具
碗形砂轮	11	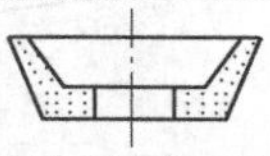	用于导轨磨及刃磨刀具
碟形砂轮	12a	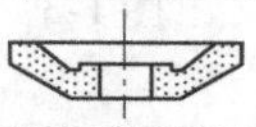	用于磨铣刀、铰刀、拉刀等，大尺寸的用于磨齿轮端面

选用砂轮时，应综合考虑工件的形状、材料性质及磨床条件等各种因素，具体可根据表1-6的推荐加以选择。

表1-6　砂轮的选用

磨削条件	粒度		硬度		组织		结合剂			磨削条件	粒度		硬度		组织		结合剂		
	粗	细	软	硬	松	紧	V	B	R		粗	细	软	硬	松	紧	V	B	R
外圆磨削				●			●			磨削软金属	●			●		●			
内圆磨削			●				●			磨韧性、延展性大的材料	●				●			●	
平面磨削			●				●			磨硬脆材料		●	●						
无心磨削				●			●			磨削薄壁工件	●		●		●			●	
粗磨、打磨毛刺	●		●							干　磨	●		●						
精密磨削		●		●		●	●	●		湿磨		●		●					
高精密磨削		●		●		●	●	●		成形磨削		●		●		●	●		
超精密磨削		●		●		●	●	●		磨热敏性	●				●				
镜面磨削		●	●			●		●		材料刀具刃磨			●				●		
高速磨削		●		●						钢材切断			●					●	●

砂轮安装前必须先进行外观检查和裂纹检查，以防止高速旋转时砂轮破裂导致安全事故。检查裂纹时，可用木槌轻轻敲击砂轮，声音清脆的为没有裂纹的砂轮。

由于砂轮在制造和安装过程中的多种原因，砂轮的重心与其旋转中心往往不重合，这样会造成砂轮高速旋转时产生振动，轻则影响加工质量，严重时会导致砂轮破裂和机床损坏。

所以砂轮安装在法兰盘上后必须对砂轮进行静平衡。砂轮装在法兰盘上后，将法兰盘套在心轴上，再放在平衡架导轨上。如果不平衡，砂轮较重的部分总是会转到下面，移动法兰盘端面环形槽内的平衡块位置，调整砂轮的重心进行平衡，反复进行，直到砂轮在导轨上任意位置都能静止不动，此时砂轮达到静平衡。安装新砂轮时，砂轮要进行两次静平衡。第一次静平衡后，装上磨床用金刚石笔对砂轮外形进行修整，然后卸下砂轮再进行一次静平衡才能安装使用。

4. 万能外圆磨床

万能外圆磨床可以加工工件的外圆柱面、外圆锥面、内圆柱面、内圆锥面、台阶面和端面。外圆磨床主要由以下几部分组成，如图 1-3 所示。

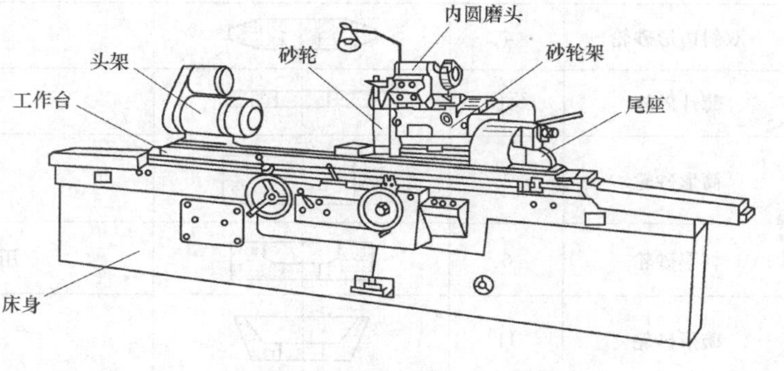

图 1-3　外圆磨床

（1）床身　用来支承机床各部件。内部装有液压传动系统，上部装有工作台和砂轮架等部件。

（2）工作台　工作台有两层，下层工作台可沿床身导轨作纵向直线往复运动，上层工作台可相对下层工作台在水平面偏转一定的角度（±8°），以便磨削小锥度的圆锥面。

（3）头架　头架安装在上层工作台上，头架内装有主轴，主轴前端可安装卡盘、顶尖、拨盘等附件，用于装夹工件。主轴由独立的电动机经变速机构带动旋转，实现工件的圆周进给运动。

（4）砂轮架　砂轮安装在砂轮架主轴上，由独立的电动机通过带传动带动砂轮高速旋转，实现切削主运动。砂轮架安装在床身的横向导轨上，可沿导轨作横向进给，还可水平旋转 ±30°，用来磨削较大锥度的圆锥面。

（5）内圆磨头　安装在砂轮架上，其主轴前端可安装内圆砂轮，由独立的电动机带动旋转，用于磨削内圆表面。内圆磨头可绕其支架旋转，使用时放下，不使用时向上翻起。

（6）尾座　安装在上层工作台，用于支承工件。

磨削加工时，一般有一个主运动和四个进给运动，这四个进给运动的参数组成磨削用量，应根据工件材料的特性、加工要求等因素来选择磨削用量。

砂轮的旋转运动为主运动，砂轮外圆相对于工件表面的瞬时速度称为磨削速度（v_c），即砂轮外圆处的线速度，表达式为：

$$v_c = \frac{\pi d n}{1000 \times 60} \quad (\mathrm{m/s})$$

式中，d 为砂轮的外径（mm）；n 为砂轮的转速（r/min）。

圆周进给速度指工件绕本身轴线作低速旋转的速度（v_w），即工件外圆处的线速度，由头架提供，其表达式为：

$$v_w = \frac{\pi d_w n_w}{1000 \times 60} \text{ (m/s)}$$

式中，d_w 为工件的外径（mm）；n_w 为工件的转速（r/min）。

工作台提供的工件直线运动为纵向进给运动，纵向进给速度（$f_{纵}$）称为纵向进给量，单位为mm/r。

砂轮架的横向运动为横向进给运动，横向进给速度（$f_{横}$）称为横向进给量，单位为mm，即切削深度。

磨削加工精度高，因此，工件装夹是否正确、稳固，直接影响工件的加工精度和表面粗糙度。在某些情况下，装夹不正确还会造成事故。通常采用以下四种装夹方法：

（1）用前、后顶尖装夹　用前、后顶尖顶住工件两端的中心孔，中心孔应加入润滑脂，工件由头架拨盘、拨杆和鸡心夹头（卡箍）带动旋转。此方法安装方便、定位精度高，主要用于安装实心轴类工件。

（2）用心轴装夹　磨削套筒类零件时，以内孔为定位基准，将零件套在心轴上，心轴再装夹在磨床的前、后顶尖上。

（3）用自定心卡盘或单动卡盘装夹　对于端面上不能打中心孔的短工件，可用自定心卡盘或单动卡盘装夹。单动卡盘特别适于夹持表面不规则工件，但校正定位较费时。

（4）用卡盘和顶尖装夹　当工件较长，一端能打中心孔，一端不能打中心孔时，可一端用卡盘，一端用顶尖装夹工件。

根据工件材料的特性、加工要求等因素来选择合适的磨削用量，调整头架主轴转速，调整工作台直线运动速度和行程长度，调整砂轮架进给量。在外圆磨床上磨外圆有四种方法：

（1）纵磨法　磨削时，砂轮高速旋转，工件作圆周进给运动，工作台作纵向进给运动，

每次纵向行程或往复行程结束后，砂轮作一次小量的横向进给，当工件尺寸达到要求时，再无横向进给地纵向往复磨削几次，直至火花消失，停止磨削。纵磨法的磨削深度小，磨削力小，磨削温度低，最后几次无横向进给的光磨行程，能消除由机床、工件、夹具弹性变形产生的误差，所以磨削精度较高，表面粗糙度值小，适合于单件小批量生产和细长轴的精磨。

（2）横磨法（切入磨法）　磨削时，工件不作纵向进给运动，采用比工件被加工表面宽（或等宽）的砂轮连续或间断地以较慢的速度作横向进给运动，直至磨掉全部加工余量。横磨法的生产率高，但砂轮的形状误差直接影响工件的形状精度，所以加工精度较低，而且由于磨削力大，磨削温度高，工件容易变形和烧伤，磨削时应使用大量切削液。横磨法主要用于大批量生产，适合磨削长度较短、精度较低的外圆面。

（3）分段综合磨法　先采用横磨法对工件外圆表面进行分段磨削，每段都留下0.01～0.03mm的精磨余量，然后用纵磨法进行精磨。这种磨削方法综合了横磨法生产率高，纵磨法精度高的优点，适合于磨削加工余量较大、刚性较好的工件。

（4）深磨法　将砂轮的一端外缘修成锥形或阶梯形，选择较小的圆周进给速度和纵向进给速度，在工作台一次行程中，将工件的加工余量全部磨除，达到加工要求的尺寸。深磨法的生产率比纵磨法高，加工精度比横磨法高，但修整砂轮较复杂，只适合大批量生产，刚

性较好的工件，而且被加工面两端应有较大的距离以方便砂轮切入和切出。

5. 平面磨床

平面磨床主要用于磨削平面，磨削加工时，砂轮的旋转运动为主运动 v_c（m/s）、工作台提供的工件直线运动为纵向进给运动 v_w（m/s）、砂轮的横向进给运动 $f_{横}$（mm/r）和砂轮的垂直进给运动 $f_{垂}$（mm/r），这四个运动的参数组成平面磨削的磨削用量。

卧轴式矩台平面磨床的型号为 M7120，它由床身、工作台、立柱、滑鞍、磨具架和砂轮修整器等部件组成，如图 1-4 所示。

(1) 床身　承载机床各部件，内部安装液压传动系统。

(2) 工作台　由液压系统驱动，可沿床身导轨作直线往复运动，其上安装有电磁吸盘，利用电磁吸力装夹工件。

(3) 砂轮架（图中未显示）安装砂轮，由电动机直接驱动砂轮旋转。

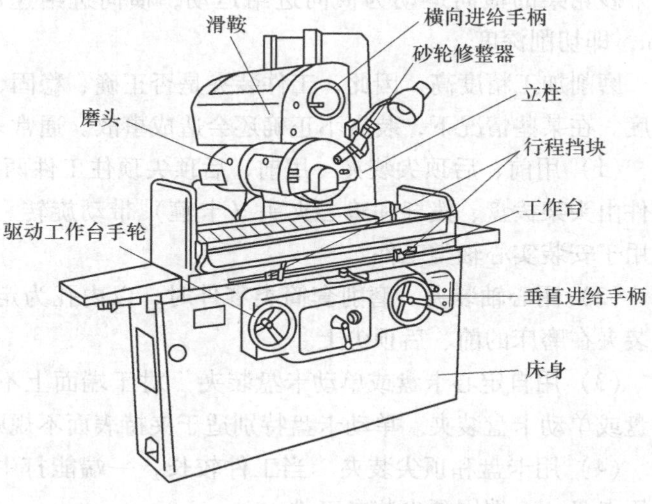

图 1-4　平面磨床

(4) 滑鞍　砂轮架安装在滑鞍水平导轨上，可沿水平导轨移动，滑鞍安装在立柱上，可沿立柱导轨垂直移动。

(5) 立柱　其侧面有垂直导轨，滑鞍安装其上。

磨削平面的步骤为：

(1) 装夹工件　磁性工件可以直接吸在电磁吸盘上，对于非磁性工件（如有色金属）或不能直接吸在电磁吸盘上的工件，可使用精密平口钳或其他夹具装夹后，再吸在电磁吸盘上。

(2) 调整机床　根据工件材料的特性、加工要求等因素来选择合适的磨削用量，调整工作台直线运动速度和行程长度，调整砂轮架横向进给量。

(3) 起动机床　起动工作台，摇进给手轮，让砂轮轻微接触工件表面，调整切削深度，磨削工件至规定尺寸。

(4) 停车　测量工件，退磁，取下工件，检验。

1.2.6 思考题

(1) 描述外圆磨床、平面磨床和无心磨床的应用范围及特点。

(2) 说明外圆磨床的主运动和工件的圆周进给运动。

(3) 说明无心磨床的工作原理及加工方法。

(4) 说明平面磨床的总布局及相关运动。

实验报告 1　车铣刨钻加工方法认知实验

实验名称＿＿＿＿＿＿＿＿＿＿＿＿＿＿＿＿＿＿＿＿
实验日期＿＿＿＿＿＿＿＿＿＿＿＿＿＿＿＿＿＿＿＿
班级＿＿＿＿＿＿＿＿＿＿＿＿＿＿＿＿＿＿＿＿＿＿
姓名＿＿＿＿＿＿＿＿＿＿＿＿＿＿＿＿＿＿＿＿＿＿
同组人＿＿＿＿＿＿＿＿＿＿＿＿＿＿＿＿＿＿＿＿＿
成绩＿＿＿＿＿＿＿＿＿＿＿＿＿＿＿＿＿＿＿＿＿＿

一、实验目的。

二、实验设备及仪器型号。

三、画出几种车床主运动和进给运动的草图。

四、说明几种机床标牌型号的含义。

五、说明车床和铣床的典型工序。

六、思考题。

实验报告2 磨削加工方法认知实验

实验名称________________________

实验日期________________________

班级________________________

姓名________________________

同组人________________________

成绩________________________

一、实验目的。

二、实验设备及仪器型号。

三、分析磨床加工过程及典型加工工序。

四、思考题。

第 2 章　切削条件的合理选择及刀具的选择

2.1　刀具几何角度及其测量

2.1.1　实验目的

（1）熟悉车刀切削部分的构成要素，掌握车刀静态角度的参考平面、参考系及车刀静态角度的定义。

（2）了解车刀量角台的结构，学会使用量角台测量车刀静态角度。

2.1.2　实验设备及仪器

（1）车刀量角仪。

（2）90°车刀。

（3）45°车刀。

（4）大刃倾角车刀。

（5）切断刀。

2.1.3　实验任务

（1）测量四把车刀的 20 个角度。

（2）根据测量结果绘制刀具的工作图。

2.1.4　实验步骤

（1）校准车刀测量仪。

（2）前角的测量。

（3）后角的测量。

（4）刃倾角的测量。

（5）主偏角的测量。

（6）副偏角的测量。

2.1.5　实验内容

车刀的静态角度可以用车刀量角台进行测量，其测量的基本原理是：按照车刀静态角度的定义，在刀刃选定点上，用量角台的指针平面（或侧面或底面）与构成被测角度的面或线紧密贴合（相平行或相垂直），把要测量的角度测量出来。

车刀量角台的结构如图 2-1 所示。

圆形底盘的周边，刻有从0°起向顺、逆时针两个方向各100°的刻度。其上的工作台可以绕销轴转动，转动的角度，由固连于工作台上的工作台指针指示出来。工作台上的定位块和导条固定在一起，能在工作台的滑槽内平行滑动。

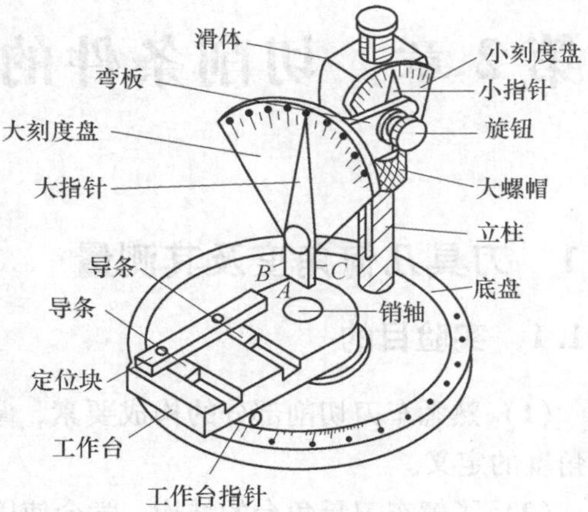

图2-1　车刀量角台

立柱固定安装在底盘上，它是一根矩形螺纹丝杠，旋转丝杆上的大螺帽，可以使滑体沿立柱的键槽上、下滑动。滑体上用小螺钉固定装上一个小刻度盘，在小刻度盘的外面，用旋钮将弯板的一端锁紧在滑体上。当松开旋钮时，弯板以旋钮为轴，可以向顺、逆时针两个方向转动，其转动的角度用固连于弯板上的小指针在小刻度盘上指示出来。在弯板的另一端，用两个螺钉固定装上一个扇形大刻度盘，其上用特制的螺钉轴装上一个大指针。大指针可以绕螺钉轴向顺、逆时针两个方向转动，并在大刻度盘上指示出转动的角度。

当工作台指针、大指针和小指针都处在0°时，大指针的前面和侧面垂直于工作台的平面，而大指针的底面平行于工作台的平面。测量车刀角度时，就是根据被测角度的需要，转动工作台，同时调整放在工作台上的车刀位置，再旋转大螺帽，使滑体带动大指针上升或下降到适当的位置，然向用大指针的前面（侧面或底面），与构成被测角度的面或线紧密贴合，从大刻度盘上读出大指针指示的被测角度数值。

（1）校准车刀量角台的原始位置　用车刀量角台测量车刀静态角度之前，必须先把车刀量角台的大指针、小指针和工作台指针全部调整到零位，然后把车刀按图2-1所示平放在工作台上，我们称这种状态下的车刀量角台位置为测量车刀静态角度的原始位置。

（2）主偏角 κ_r 的测量　从图2-1所示的原始位置起，按顺时针方向转动工作台（工作台平面相当于 P_r），让主切削刃和大指针前面紧密贴合，如图2-2所示，则工作台指针在底盘上所指示的刻度数值，就是主偏角 κ_r 的数值。

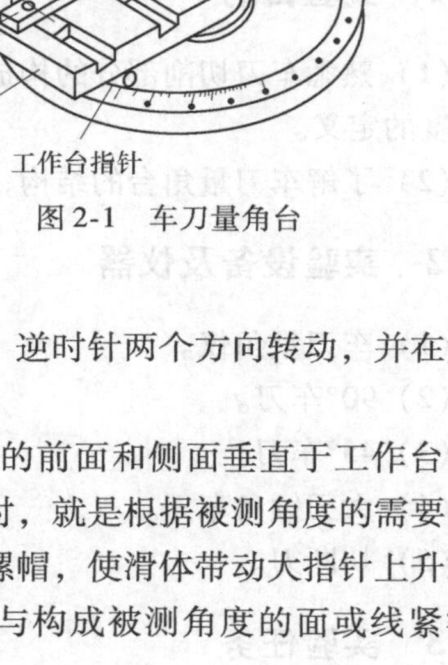

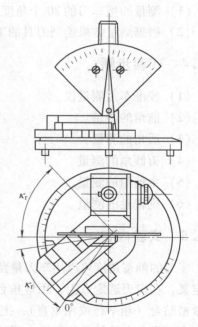

图2-2　用车刀量角台测量车刀主偏角

（3）刃倾角 λ_s 的测量　测完主偏角 κ_r 之后，使大指针底面和主切削刃紧密贴合（大指针前面相当于 P_s），如图2-3所示，则大指针在大刻度盘上所指示的刻度数值，就是刃倾角 λ_s 的数值。指针在0°左边为 $+\lambda_s$，指针在0°右边为 $-\lambda_s$。

（4）副偏角 κ_r' 的测量　参照测量主偏角 κ_r 的方法，按逆时针方向转动工作台，使副切削刃和大指针前面紧密贴合，如图 2-4 所示，则工作台指针在底盘上所指示的刻度数值，就是副偏角 κ_r' 的数值。

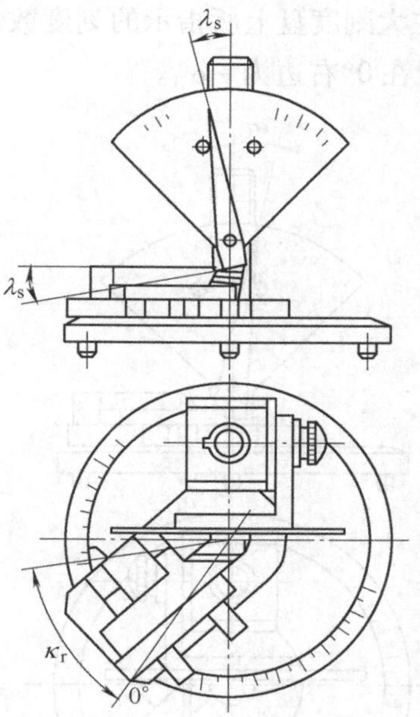

图 2-3　用车刀量角台测量车刀刃倾角

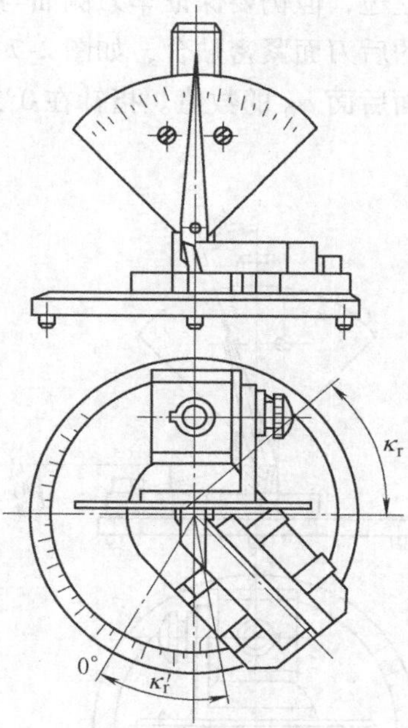

图 2-4　用车刀量角台测量车刀副偏角

（5）前角 γ_o 的测量　前角 γ_o 的测量，必须在测量完主偏角 κ_r 的数值之后才能进行。

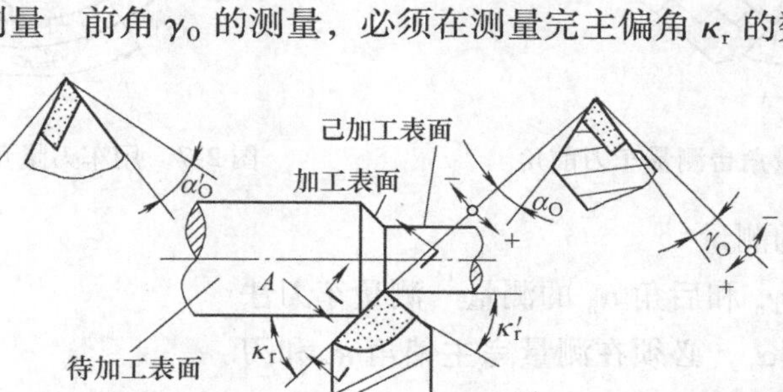

图 2-5　刀具几何角度投影图

从图 2-1 所示的原始位置起，按逆时针方向转动工作台，使工作台指针指到底盘上 $\psi_r = 90° - \kappa_r$ 的刻度数值处（或者从图 2-2 所示测完主偏角 κ_r 的位置起，按逆时针方向使工作台转动 90°），这时，主切削刃在基面上的投影恰好垂直于大指针前面 a（相当于 P_O），然后让大指针底面 c 落在通过主切削刃上选定点的前刀面上（紧密贴合），如图 2-6 所示，则大指针在大刻度盘上所指示的刻度数值，就是正交平面前角 γ_o 的数值。指针在 0°右边时为 $+\gamma_o$，指针在 0°左边时为 $-\gamma_o$。

（6）后角 α_o 的测量　在测完前角 γ_o 之后，向右平行移动车刀（这时定位块可能要移到车刀的左边，但仍要保证车刀侧面与定位块侧面靠紧），使大指针侧面 b 和通过主切削刃上选定点的后刀面紧密贴合，如图 2-7 所示，则大指针在大刻度盘上所指示的刻度数值，就是正交平面后面 α_o 的数值。指针在 0°左边为 $+\alpha_o$，指针在 0°右边为 $-\alpha_o$。

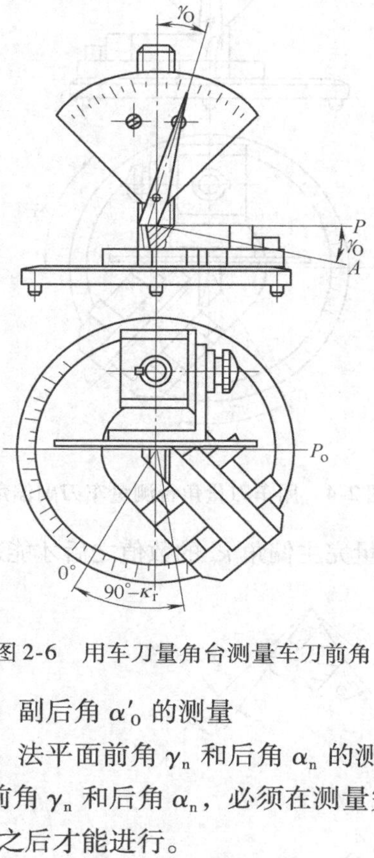

图 2-6　用车刀量角台测量车刀前角

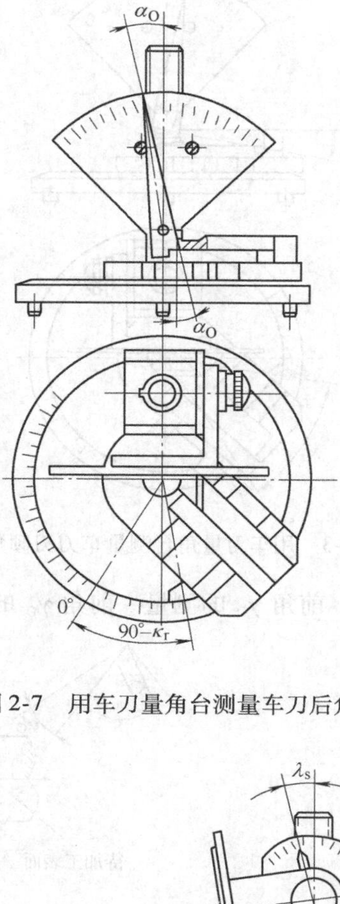

图 2-7　用车刀量角台测量车刀后角

（7）副后角 α'_o 的测量

（8）法平面前角 γ_n 和后角 α_n 的测量　测量车刀法平面的前角 γ_n 和后角 α_n，必须在测量完主偏角 κ_r 和刃倾角 λ_s 之后才能进行。

将滑体（连同小刻度盘和小指针）和弯板（连同大刻度盘和大指针）上升到适当位置，使弯板转动一个刃倾角 λ_s 的数值，这个 λ_s 数值由固连于弯板上的小指针在小刻度盘上指示出来（逆时针方向转动为 $+\lambda_s$，顺时针方向转动为 $-\lambda_s$），如图 2-8 所示，然后再按前述测量正交平面前角 γ_o 和后角 α_o 的方法（参照图 2-6 和图 2-7），便可测量出车刀法平面前角 γ_o 和后角 α_o 的数值。

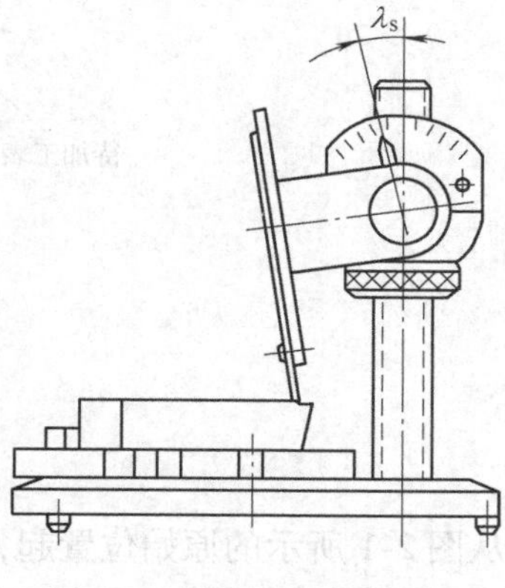

图 2-8　用车刀量角台测量车刀法平面前角和后角

2.1.6　思考题

（1）测量前角和后角时，如何调整车刀测量仪?

（2）车刀前角和刃倾角有什么区别?

（3）切断刀的主偏角是多少？试根据主偏角的定义进行说明。

2.2　金属切削变形

2.2.1　实验目的

（1）了解切削速度 v、刀具前角 γ_0 和切削厚度 a_0 对切削变形的影响。

（2）仔细观察，研究切削过程及其变形规律。

2.2.2　实验设备及仪器

（1）液压牛头刨床（B690）。

（2）刨刀、钢直尺、卡钳。

2.2.3　实验任务

通过改变各参数的大小，研究刀具几何角度及切削用量对变形系数的影响。

2.2.4　实验步骤

（1）前角对变形系数的影响。

（2）进给量对变形系数的影响。

（3）切削深度对变形系数的影响。

（4）切削速度对变形系数的影响。

2.2.5　实验内容

工件的切削层在刀具和工件的相互作用下，与工件层基体分离而成为切屑。在切削塑性材料的过程中，由于加工条件的不同，形成的切屑可为粒状、结状和带状等。

金属切离成切屑的同时，伴随着变形（图 2-9）。因此，切下的切屑长度 l_c 比被切削层的长度 l 小，而切屑的厚度 a_o 则比切削的厚度 a_c 大。假设金属变形后体积不变，则切屑的收缩系数：

$$\zeta = \frac{l}{l_c} = \frac{a_o}{a_c} > 1$$

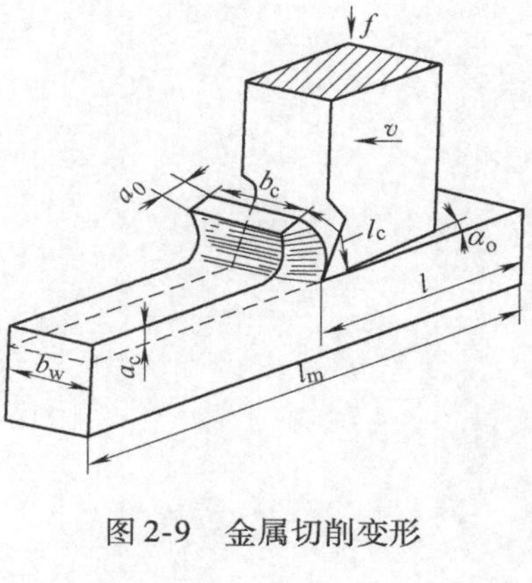

图 2-9　金属切削变形

它近似表示金属塑性变形的平均值。

测定 ζ 的方法有两种：长度法和重量法。本实验采用长度法。即把 l 和 l_c 的长度或者 a_o 和 a_c 的厚度量出，再代入公式 $\zeta = \frac{l}{l_c} = \frac{a_o}{a_c}$ 计算就可以了，实验是按单因素进行，其步骤：

a）固定切削速度 v 和刀具前角 γ_o，后角 α_O，依次改变切削厚度 a_c 进行切削，测出相应的切屑长度 l_0，填入相应实验报告中。

b）固定切削速度 v 和切削厚度 a_c，依次改变刀具前角 γ_O 进行切削，测出相应的切屑长度 l_c，填入相应实验报告中。

c）固定切削厚度 a_c 和刀具前角 γ_O，后角 α_O，依次改变切削速度 v，测出相应的切屑长度 l_c，填入相应实验报告中。

2.2.6　思考题

（1）简述刀具角度对切削变形的影响并分析其原因。

（2）简述切削用量对切削变形的影响并分析其原因。

实验报告 3　刀具几何角度及其测量

实验名称____________________
实验日期____________________
班级____________________
姓名____________________
同组人____________________
成绩____________________

一、实验目的。

二、实验设备及仪器型号。

三、实验数据。

	前角	后角	刃倾角	主偏角	副偏角
90°车刀					
45°车刀					
大刃倾角车刀					
切断刀					

四、绘制车刀的刀头结构简图。

五、思考题。

实验报告 4　金属切削变形

实验名称________________

实验日期________________

班级________________

姓名________________

同组人________________

成绩________________

一、实验目的。

二、实验设备及仪器型号。

三、实验数据记录。

1. 改变前角对变形系数的影响。

前角对切削变形的影响

条件	$v=20\text{m/min}$　$a_c=0.8\text{mm}$　$\alpha_o=10°$　$l=100\text{mm}$　$b=4\text{mm}$			
前角 γ_0	5°	10°	20°	30°
记录				
收缩系数				

2. 改变切削深度对变形系数的影响。

切削深度对变形的影响

条件	$v=20m/min$　$\gamma_o=20°$　$\alpha_o=10°$　$l=100mm$　$b=4mm$			
切削深度 a_c/mm	0.4	0.8	1.2	1.6
记录				
收缩系数				

3. 改变进给量对变形系数的影响。

进给量对变形的影响

条件	$a_c=0.8mm$　$\gamma_O=20°$　$\alpha_o=10°$　$l=100mm$　$b=4mm$			
切削速度	10m/min	15m/min	20m/min	25m/min
记录				
收缩系数				

四、思考题。

第3章　车　　床

3.1　普通车床结构剖析实验

3.1.1　实验目的

（1）了解普通车床主要部件的构造和调整方法，及其应用范围。

（2）了解普通车床运动参数的调整方法。

3.1.2　实验设备及仪器

（1）CA6140 普通车床。

（2）扳手、卷尺。

3.1.3　实验任务

（1）观察 CA6140 车床整体结构，熟悉各部件的名称，了解各部件的功能。

（2）观察主轴箱双向片式摩擦离合器和制动器的结构和工作原理。

（3）观察变速结构的工作原理。

（4）观察进给箱和溜板箱的内部结构，了解它们的工作原理。

3.1.4　实验步骤

（1）观察 CA6140 车床整体布局，熟悉各部件的名称。

（2）打开主轴箱上盖，观察双向片式摩擦离合器，分析其工作原理。

（3）观察主轴箱内传动轴和传动齿轮的传动顺序，记录有关数据。

（4）观察卡盘、刀架、尾座、丝杠和光杠的结构。

（5）将机床重新装好，并填写实验报告。

3.1.5　实验内容

CA6140 普通卧式车床如图 3-1 所示，其组成及功能为：

（1）主轴箱　它固定在机床床身的左端，装在主轴箱中的主轴，通过卡盘等夹具装夹工件。主轴箱的功用是支承并传动主轴，使主轴带动工件按照规定的转速旋转。

（2）床鞍和刀架部件　它位于床身的中部，并可沿床身上的刀架轨道作纵向移动。刀架部件位于床鞍上，其功能是装夹车刀，并使车刀作纵向、横向或斜向运动。

（3）尾座　它位于床身的尾座轨道上，并可沿导轨纵向调整位置。尾座的功能是用后顶尖支撑工件。在尾座上还可以安装钻头等加工刀具，以进行孔加工。

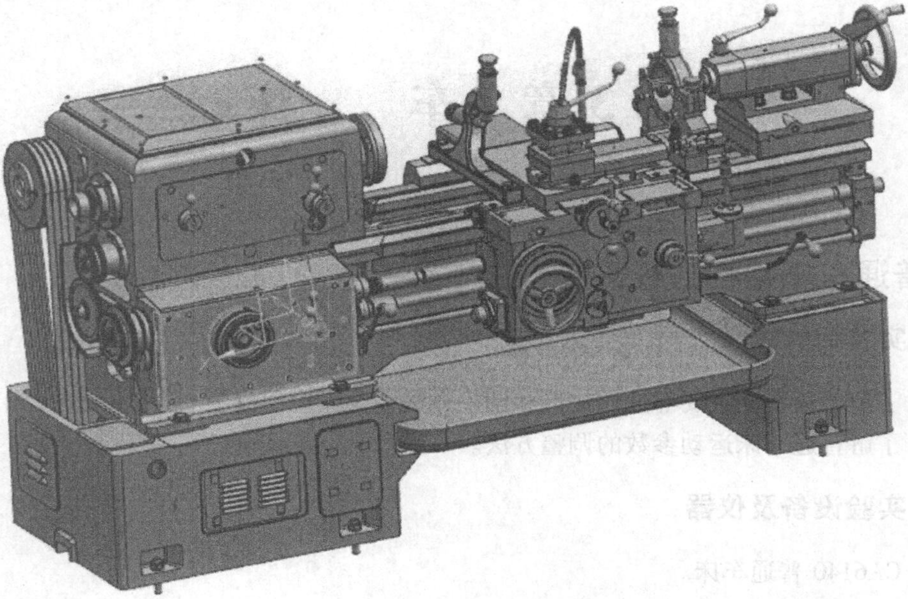

图 3-1　CA6140 车床

（4）进给箱　它固定在床身的左前侧、主轴箱的底部。其功能是改变被加工螺纹的螺距或机动进给的进给量。

（5）溜板箱　它固定在刀架部件的底部，可带动刀架一起做纵向、横向进给、快速移动或螺纹加工。在溜板箱上装有各种操作手柄及按钮，工作时工人可以方便地操作机床。

（6）床身　床身固定在左床腿和右床腿上。床身是机床的基本支承件。在床身上安装机床的各个主要部件，工作时床身使它们保持准确的相对位置。

本系列车床用途广泛，主要用于各种回转体零件的外圆、内孔、端面、锥度、切槽及米制螺纹、模数螺纹、径节螺纹等的车削加工，此外还可以用来进行钻孔、铰孔、扩孔、滚花、拉油槽等加工。适合于使用硬质合金刀具对各种黑色金属和有色金属进行强力高速切削。加工精度高（可达 IT7 级）、操作方便。根据中心距不同分为 500mm、750mm、1000mm、1250mm 四种规划。主要参数见表 3-1。

表 3-1　主要参数

车床型号		CA6140
主机	中心高	202mm
	床身上最大回转直径	400mm
	最大工件长度	1000mm
	刀架最大行程（纵向）	900mm
	刀架上最大工件回转直径	240mm
	棒料直径	45mm

（续）

车床型号			CA6140
主　轴	通孔直径		46mm
	锥孔		MT6
	转速50Hz（60Hz）		25～1600r/min（30～2000r/min）正反各12种
刀　架	刀架横向最大行程		240mm
	小刀架最大行程		140mm
	纵向刻度值		0.5mm/格　100mm/r
	横刀架刻度值		0.05mm/格　4mm/r
	小刀架刻度值		0.05mm/格　3mm/r
	刀架回转角度范围		1/格
	主轴中心线至刀具支承面距离		27mm
	刀杆截面尺寸（高×宽）		25mm×20mm
	纵向进给量		0.04～2.16mm/r　138种
	横向进给量		0.02～1.08mm/r　138种
	主轴中心线到方刀架侧面最大距离		205mm
尾　座	顶尖套内孔锥度		MT4
	顶尖套最大移动量		130mm
	横向最大移动量		±10mm
螺　纹	米制		0.45～20mm/r　30种
	英制		80～n/1″　35种
	模数		0.25～10mm　25种
	径节		160～DP　30种
电动机	主电动机		YD132M－8/4　B5　TH　3/4.5kW
	主电动机转速50Hz（60Hz）		750/1500r/min　（900/1800r/min）
	冷却泵电动机		AYB－20TH　0.115kW
外形尺寸 长×宽×高	中心距	500mm	1700mm×900mm×1250mm
		750mm	1950mm×900mm×1250mm
		1000mm	2150mm×900mm×1250mm
		1250mm	2350mm×900mm×1250mm
净　重	中心距	500mm	1250kg
		750mm	1350kg
		1000mm	1450kg
		1250mm	1550kg
带	主传动V带型号规格		A－1950mm
CA6140	普通卧式车床		

3.1.6 思考题

（1）车床靠哪些零件或者部件实现车床主轴的正反转?

（2）说明光杠及丝杠在使用上的区别。

3.2 切削力测量实验

3.2.1 实验目的

（1）了解车削时切削用量（切削深度 a_p 和进给量 f）对切削力的影响。

（2）仔细观察，研究切屑过程及其变形规律。

3.2.2 实验设备及仪器

（1）CA6140 型普通车床。

（2）八角环电阻式车削三向测力仪。

3.2.3 实验内容

三向切削力的检测原理，是使用三向车削测力传感器检测三向应变，三向应变作为模拟信号，输出到切削力实验仪器内进行高倍率放大，再经 A/D 板放大之后，转换为数字量输入计算机。测力系统首先应该通过三向电标定，以确定各通道的增益倍数。然后，再通过机械标定，确定测力传感器某一方向加载力值与三个测力方向响应的线性关系。经过这两次标定，形成一个稳定的检测系统后，才能进行切削力实验。

测量切削力的主要工具是测力仪，测力仪的种类很多。有机械测力仪、油压测力仪和电测力仪。机械和油压测力仪比较稳定、耐用。而电测力仪的测量精度和灵敏度较高。电测力仪根据其使用的传感器不同，又可分为电容式、电感式、压电式、电阻式和电磁式等。目前电阻式和压电式用得最多。

电阻式测力仪的工作原理：在测力仪的弹性元件上粘贴具有一定电阻值的电阻应变片，然后将电阻应变片连接为电桥（图 3-2）。设电桥各臂的电阻分别是 R_1、R_2、R_3 和 R_4，如果 $R_1/R_2=R_3/R_4$，则电桥平衡，即 2、4 两点间的电位差为零，即应变电压输出为零。在切削力的作用下，电阻应变片随着弹性元件发生弹性变形，从而改变它们的电阻。如图 3-2 所示。电阻应变片 R_1 和 R_4 在弹性张力作用下，其长度增大，截面积缩小，于是电阻增大。R_2 和 R_3 在弹性压力作用下，其长度缩短，截面积加大，于是电阻减小，电桥的平衡条件受到破坏。2、4 两点间产生电位差，输出应变电压。通过高精度线性放大区将输出电压放大，并显示和记录下来。输出应变电压与切削力的大小成正比，经过标定，可以得到输出应变电压和切削力之间的线性关系曲线（即标定曲线）。测力时，只要知道输出应变电压，便能从标定曲线上查出切削力的数值。

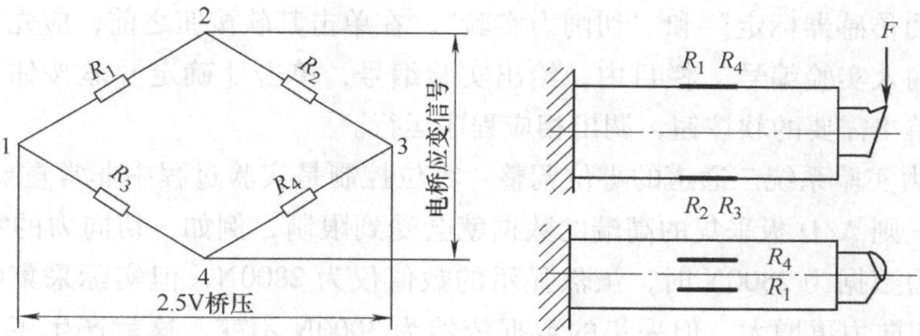

图3-2 由应变片组成的电桥

实际使用的测力仪的弹性元件不像图3-2所表示的那样简单，粘贴的电阻应变片也比较多，由于要同时测量三个方向的分力，因而测力仪结构也较复杂。

使用符合国家标准的测力环作基准进行测力仪三受力方向的机械标定，可获得较高的精确度。机械标定（下称标定）还确定了三向力之间的相互响应关系，在测力过程中，通过计算，消除了各向之间的相互干扰，因而可获得较高的准确度。

标定切削力实验系统的目的有两个，一是求出某向输出（数字）与该向载荷（测力环所施加的力值）之间的响应系数，二是求出该向载荷对另外两向之间的影响系数，从而通过计算来消除各向间的影响而获得实际的三向力。

若力 F_x、F_y、F_z 同时作用于测力传感器，设三向分力方向的输出分别为 D_x、D_y、D_z。由于各向分力间存在相互干扰，因此，输出 D_x、D_y、D_z 与力 F_x、F_y、F_z 之间，存在如下关系：

$$\sum_{i=x,y,z}^{j=x,y,z} m_{ij}F_j = D_j$$

式中，m_{ij}表示 D_j 对 F_j 的相关系数。解析该方程相对三向输入与输出，在已知 D_x、D_y、D_z 的条件下，可求出三个给定方向排除了向间干扰的力值 F_x、F_y、F_z。

1. 准备工作

（1）安装工件、测力仪，注意刀尖对准车床主轴中心高。

（2）用三根软管导线将测力仪和数显箱连接起来（注意 $X-X$、$Y-Y$、$Z-Z$ 相连，不可接错），接通电源。

（3）熟悉机床操作手柄及操作方法，注意安全事项。

（4）熟悉数显箱的使用和读数，并将读数调零。

（5）确定实验条件。

2. 切削实验步骤

本实验所采用的实验方法是单因素法和正交法。在实验之前已经对测力系统进行了三通道增益标定、机械标定。实验过程中还需经常进行三通道零位调整，之后再通过数字显示观察输出情况，若输出稳定就可以进行单因素实验和正交实验。

在显示器面板上单击“切削力实验”图标，进入实验系统。在切削力实验向导界面上，可以单击已激活的项目，调出相应的界面。对于需要将实验过程中的实时数据写进数据库的项目——“测力传感器标定”和“切削力实验”，在单击其软按钮之前，应先在“要进行新实验必须在此输入实验编号”栏目内，给出实验编号，单击［确定］软按钮，激活所有项目。之后，再单击需要的软按钮，调出相应程序运行。

（1）切削力实验系统三通道的零位调整　零位控制是实验过程中非常重要的一个环节。如果零位偏高，则 A/D 板采集的高端的数据就会受到限制，例如，切向力的零位数为 200，则当切向切削力数据为 2800N 时，虽然显示的数值仅为 2800N，但实际采集的数值已经为 3000N 了，若切向力再增大，但采集的数据依然为 3000N 不变，这就产生了采集误差。反之，如果零位数值小于 0，例如为 -30，则 A/D 板采集的小于 30N 的数据都将为 0，也就产生了采集误差。界面如图 3-3 所示。

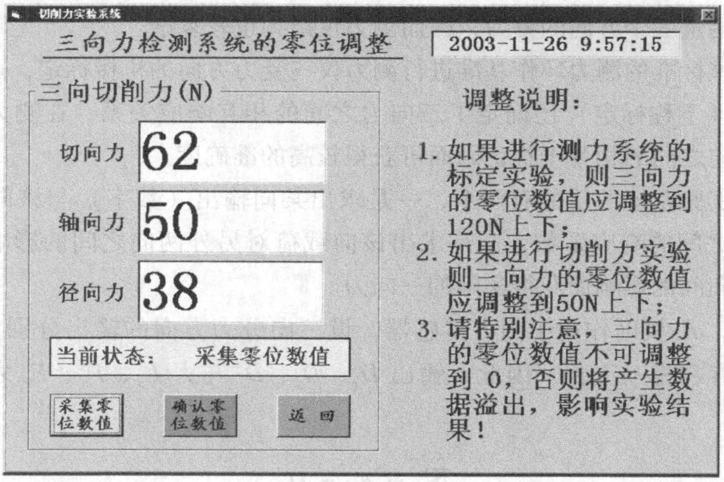

图 3-3　系统三通道的零位调整界面[①]

（2）三向力的数字显示　在三向力数字显示界面（图 3-4）内，可以实时观察到切削力的变化情况以及变化规律，从而更好地对实验过程进行控制。

（3）切削力实验方式向导　在切削力实验向导界面内，单击［切削力实验方式向导］软按钮，调出切削力实验方式向导界面（图 3-5），完成实验条件设置与实验方式选择等实验中的重要步骤。

选择测力传感器型号，同时显示其三方向测力范围。在“输入切削条件”栏目内，按照提示，输入下列切削条件基础参数：刀具几何参数、车床型号、刀片材料和工件状况。

接下来直接单击［改变背吃刀量］、［改变进给量］、［改变切削速度］或［正交实验法］软按钮即可进行相对应的实验。

3. 单因素实验步骤

（1）改变背吃刀量单因素切削力实验　背吃刀量是影响三向切削力的最主要因素，在改变背吃刀量单因素切削力实验程序辅助下，进行只改变背吃刀量而不改变切削速度和进给

① 径向力，还有部分软件截图中的径向切削力，实为背向力。

量的切削力实验，操作过程大致如下：

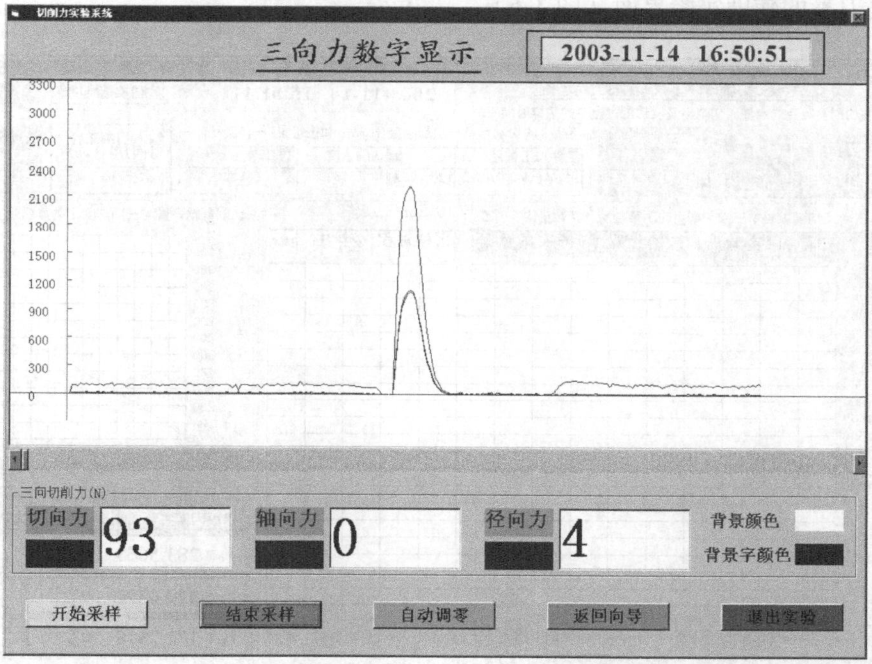

图3-4 三向切向力数字显示界面

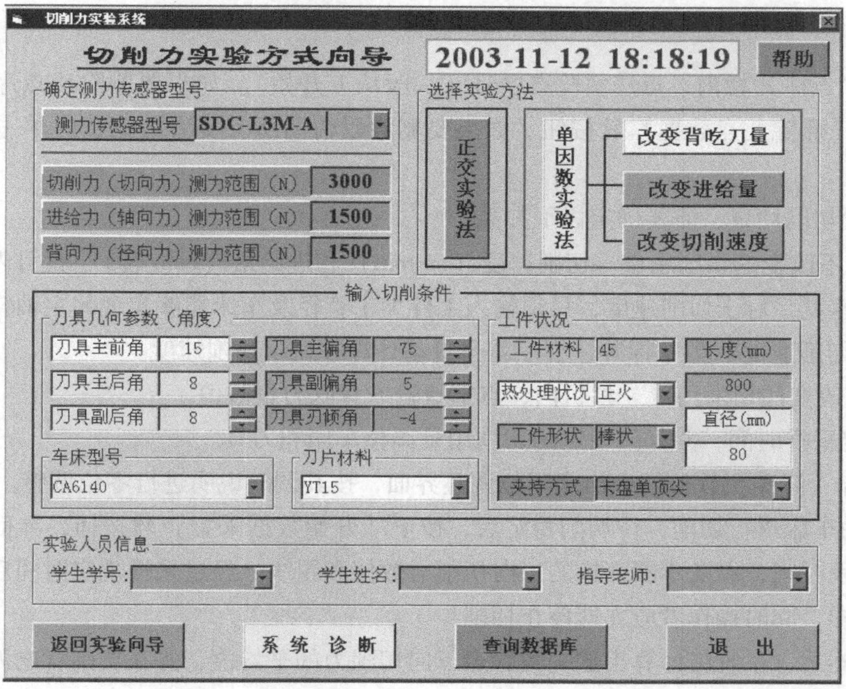

图3-5 切削力实验方式向导界面

1）在切削力实验方式向导界面，点选［改变背吃刀量］软按钮，调出单因素实验方式中改变背吃刀量的辅助实验界面（图 3-6）。

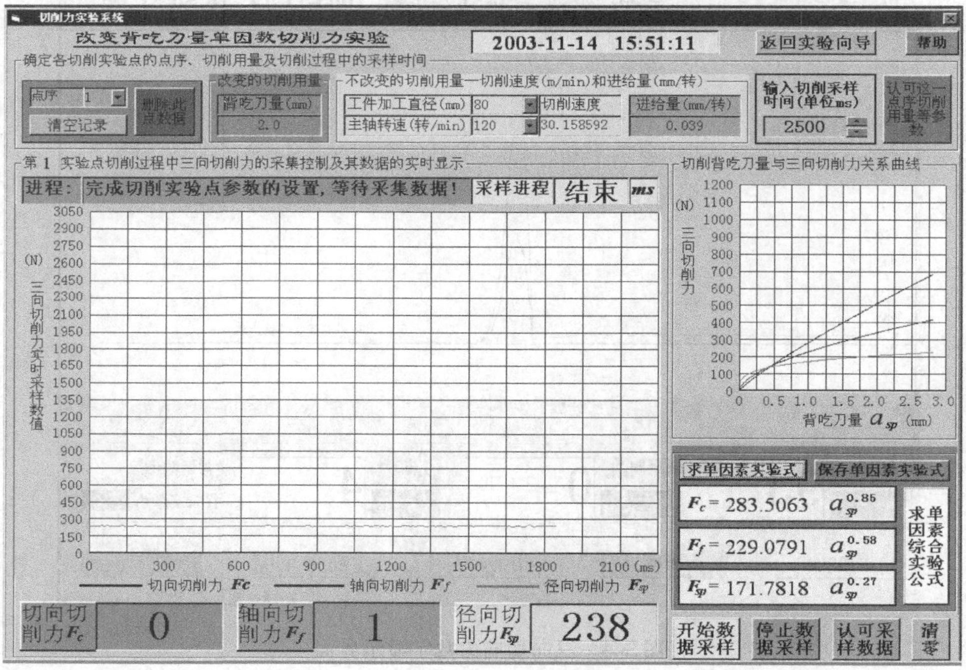

图 3-6　改变背吃刀量单因素切削力实验界面

2）在“点序”栏内，点选实验点序号（一般从 1 开始）。如果要删除该点序的实验数据，请单击［删除此点数据］软按钮。如果要删除以前的所有实验数据，应单击［清空记录］软按钮。

3）设置切削用量，需要确定以下参数：

① 在“不改变的切削用量—切削速度（m/min）和进给量（mm/转）”栏目内，输入进给量和切削速度，对于切削速度，只须输入工件加工直径及车床能够实现的主轴转速，并用鼠标单击“切削速度”数字标牌，程序就会自动计算并显示切削速度。

② 在“改变的切削用量”栏目内，点选或输入背吃刀量数值。

4）确定采样时间，并且按设定的切削用量调整车床和刀具。

5）单击［清零］软按钮，出现零位调整界面，按其调整说明进行零位调整。

6）起动车床进行切削，待切削稳定后，按下［开始数据采集］软按钮，界面上会自动显示采样进程时间，以及不断变换的三向切削力数值和图线。经过采样规定时间后，程序将自动停止采样，同时操作者应立即停止切削！

结束采样后，系统将计算出这一实验点三向切削力的平均值，并在切削背吃刀量与三向切削力关系曲线图上画三个点，再用直线将其与之前的三个实验点连起来，获得通过各实验点的 $F_c - a_p$（蓝色线）、$F_f - a_p$（红色线）、$F_p - a_p$（绿色线）关系连线。

7）点选“实验点序号”，使其数值加1，即进入下一点的切削实验。同时，必须改变背吃刀量。然后重复5）、6），直至获得足够多（应不少于3组）的实验数据。

8）当采集完数据时，单击［求单因素实验式］软按钮，程序将按现有的几个实验点数据进行拟合，建立 $F_c - a_p$、$F_f - a_p$、$F_p - a_p$ 关系实验公式，画 $F_c - a_p$、$F_f - a_p$、$F_p - a_p$ 拟合曲线图。

9）单击［保存单因素实验式］软按钮，将已经获得的改变背吃刀量单因素实验式中的系数和指数写入数据库保存。

10）在界面的右下角，通过单因素实验式，已经很清楚地显示了这三个单因素实验的进展情况。如果已经完成了两个单因素实验，即可单击［求单因素综合公式］软按钮，程序将把已有的三向切削力单因素实验式进行综合，计算出相应的综合公式，并将这三个综合公式写进数据库。对于还没有完成单因素实验的那个切削用量，在综合公式中，程序规定其指数为零。

11）单击［返回实验向导］软按钮，返回切削力实验方式向导界面。

（2）改变进给量单因素切削力实验　改变进给量单因素切削力实验的实验方法和改变背吃刀量单因素切削力实验的实验方法一样，只需将相对应的改变背吃刀量修改为改变进给量即可进行。

（3）改变切削速度单因素切削力实验　改变切削速度单因素切削力实验的实验方法和改变背吃刀量单因素切削力实验的实验方法一样，只需将相对应的改变背吃刀量修改为改变切削速度即可进行。

（4）单因素切削力实验综合公式　在三个实验进行完毕之后，返回求取单因素切削力实验综合公式界面。单击［求单因素综合公式］软按钮，程序将把已有的三向切削力单因素实验公式进行综合，计算出相应的综合公式，并将这三个综合公式写进数据库。如果需要对实验的数据进行查询及打印，请阅读实验系统帮助，依据具体的步骤进行相应的操作。

4. 实验数据的处理及经验公式的建立

在实验数据的处理过程中，本实验还用到了最小二乘法、一元线性回归以及多元线性回归等方法，而且应用拟合逼近的方法使数据更加符合实际情况。例如，在改变背吃刀量单因素切削力实验结束后将得到如下的公式：

$$F_c = C_{F_c} a_p^{x_c}$$

$$F_f = C_{F_f} a_p^{x_f}$$

$$F_p = C_{F_p} a_p^{x_p}$$

式中，F_c 为切向力；F_f 为轴向力；F_p 为背向力；C_{F_c} 为背吃刀量对切向力 F_c 的影响系数；C_{F_f} 为背吃刀量对轴向力 F_f 的影响系数；C_{F_p} 为背吃刀量对背向力 F_p 的影响系数。

同样在进行改变进给量单因素切削力实验和改变切削速度单因素切削力实验完成后也将得到相类似的公式。

在进行完单因素切削力实验后，通过求取单因素实验综合公式，得到如下的公式：

$$F_c = C_{F_c} a_p^{x_{F_c}} f^{y_{F_c}} v_c^{n_{F_c}}$$

$$F_{\mathrm{p}} = C_{F_{\mathrm{p}}} a_{\mathrm{p}}^{x_{F_{\mathrm{p}}}} f^{y_{F_{\mathrm{p}}}} v_c^{n_{F_{\mathrm{p}}}}$$

$$F_{\mathrm{f}} = C_{F_{\mathrm{f}}} a_{\mathrm{p}}^{x_{F_{\mathrm{f}}}} f^{y_{F_{\mathrm{f}}}} v_c^{n_{F_{\mathrm{f}}}}$$

3.2.4 思考题

（1）什么是单因素实验法?

（2）说明切削力测量原理和常用方法。

实验报告5 普通车床结构剖析实验

实验名称______________________________

实验日期______________________________

班级______________________________

姓名______________________________

同组人______________________________

成绩______________________________

一、实验目的。

二、实验设备及仪器型号。

三、思考题。

实验报告6 切削力测量实验

实验名称______________________________
实验日期______________________________
班级________________________________
姓名________________________________
同组人_______________________________
成绩________________________________

一、实验目的。

二、实验设备及仪器型号。

三、实验原理图。

四、实验数据记录与处理。

五、思考题。

第4章　其他机床及典型加工方法

4.1　铣床认知实验

4.1.1　实验目的

（1）了解铣床的功能范围。

（2）了解数控铣床的简单操作。

4.1.2　实验设备及仪器

铣床。

4.1.3　实验任务

（1）了解铣床的用途和传动特点。

（2）分析铣床的主运动和进给运动。

（3）了解铣床加工的典型工序。

4.1.4　实验步骤

（1）由指导老师起动铣床、演示空载运转，并介绍各种铣床的用途及操作方法。

（2）画出铣床主运动和进给运动的草图。

（3）将相关数据记入实验报告。

4.1.5　实验内容

立式铣床与卧式铣床相比，主要区别是主轴垂直布置，除了主轴布置不同以外，工作台可以上下升降，立式铣床用的铣刀相对灵活一些，适用范围较广。可使用立铣刀、机夹刀盘、钻头等。可铣键槽、铣平面、镗孔等。卧式铣床也可使用上述刀具，但不如立铣方便，但卧式铣床可使用挂架增强刀具（主要是三面刃铣刀、片状铣刀等）强度。可铣槽、铣平面、切断等。卧式铣床一般都带立铣头，虽然这个立铣头功能和刚性不如立式铣床强，但足以完成立铣加工，这使得卧式铣床总体功能比立式铣床强。立式铣床没有此特点，不能加工适合卧铣的工件。生产率要比卧式铣床高。

产品用途：适用于加工各种零部件的平面、斜面、沟槽、孔等，是机械制造、模具、仪器、仪表、汽车、摩托车等行业的理想加工设备。

1. 立式铣床结构特点

立式铣床是一种通用金属切削机床。本机床的主轴锥孔可直接或通过附件安装各种圆柱铣刀、成形铣刀、面铣刀、角度铣刀。

立式铣床铣头可在垂直平面内顺、逆时针调整 ±45°；立式铣床 *X*、*Y*、*Z* 三方向机动进给；立式铣床主轴采用能耗制动，制动转矩大，停止迅速，可靠。

底座、机身、工作台、中滑座、升降滑座、主轴箱等主要构件均采用高强度材料铸造而成，并经人工时效处理，保证机床长期使用的稳定性。

工作台 *X*/*Y*/*Z* 向有手动进给、机动进给和机动快进三种进给方式，进给速度能满足不同的加工要求；快速进给可使工件迅速到达加工位置，加工方便、快捷，缩短非加工时间。

X、*Y*、*Z* 三方向导轨副经超声淬火、精密磨削及刮研处理，配合强制润滑，提高精度，延长机床的使用寿命。

润滑装置可对纵、横、垂向的丝杠及导轨进行强制润滑，减小机床的磨损，保证机床的高效运转；同时，冷却系统通过调整喷嘴改变切削液流量的大小，满足不同的加工需求。

机床设计符合人体工程学原理，操作方便；操作面板均使用形象化符号设计，简单直观。

2. 立式铣床操作保养

操作机床前，应仔细阅读机床的使用说明书，充分理解机床的性能和特点，按规定的方式操作。

检查机床内和机床周围是否有障碍。

不要用潮湿的手操作本机床电气装置。

参阅说明书中规定的检查部位，定期对其进行检查、调整、保养。

不准随意拆卸、改动安全装置或标志及防护装置。

3. X5032 立式铣床主要技术参数

X5032 立铣床属于铣床中应用非常广泛的一种机床，是一种强力的金属切削性机床，在机械加工行业中得到广泛应用，是一种经济简便型机床，如图 4-1 所示。

X5032 立式铣床主轴端面至工作台距离 45～415mm。

X5032 立式铣床主轴中心线到床身垂直导轨的距离 350mm。

X5032 立式铣床主轴孔锥度 7∶24。

X5032 立式铣床主轴孔径 29mm。

X5032 立式铣床主轴转速 30～1500r · min^{-1}/18 级。

X5032 立式铣床立铣头最大回转角度 ±45°。

X5032 立式铣床主轴轴向移动距离 85mm。

X5032 立式铣床工作台工作面（宽度 × 长

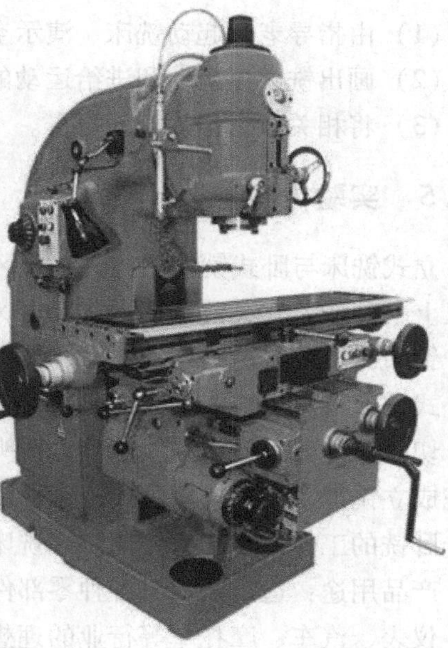

图 4-1 X5032 立铣床

度）320mm×1325mm。

X5032 立式铣床工作台行程（手动/机动）分别为 720mm/700mm（纵向）、255mm/240mm（横向）和 370mm/350mm（垂向）。

X5032 立式铣床工作台进给范围纵向/横向/垂向分别为 23.5～1180mm · min^{-1}/23.5～1180mm · min^{-1}/8～394mm · min^{-1}。

X5032 立式铣床工作台快速移动速度纵向/横向/垂向 2300mm · min^{-1}/2300mm · min^{-1}/770mm · min^{-1}。

X5032 立式铣床 T 形槽槽数/槽宽/槽距为 3mm/18mm/70mm。

X5032 立式铣床主电动机功率 7.5kW。

X5032 立式铣床进给电动机功率 1.5kW。

X5032 立式铣床外形尺寸 2530mm×1890mm×2380mm。

X5032 立式铣床机床净重 3200kg。

4. 立式铣床操作规定

1）严禁操作者超负荷使用设备。

2）开车前，必须按照巡回检查点仔细进行检查，并按润滑图表进行润滑。

3）停车 8h 以上再开动设备时，应先低速转动 3～5min，确认润滑系统通畅，各部运动正常后，再开始工作。

4）使用中不准离开和委托他人照管，不准拆掉安全防护装置，不准拆卸跟位挡铁。

5）横梁主轴工作台和升降台在移动前应先松开紧固螺钉，清除周围杂物，擦净导轨并涂油。

6）在快速或自动进给时应先调整好限程挡铁。

7）工作中必须经常检查设备各部分的运转和润滑情况。如运转或润滑不良时，应停止使用。

8）工作台面禁放工具、卡具、量具和工件。

9）调整自动循环时，开车前必须检查机床自动循环的正确性。

10）工作完成将各手柄置于非工作位置，工作台放在中间位置，升降台落下并切断电源。

5. 数控铣床控制面板

（1）手持单元　在增量方式下操作手轮，通过选择轴与倍率旋钮（×1、×10、×100，分别表示一份额脉冲移动 0.001mm、0.01mm、0.1mm），旋钮手轮可移动坐标轴（顺时针往正方向，逆时针往负方向移动）。

（2）倍率修调按钮

1）主轴修调。自动或手动方式旋转主轴时，按（+）提高，（-）降低，可修调主轴的转速，修调范围是：10%～150%。

2）快速修调。自动加工时，可修调程序中 G00 的进给速度，修调范围是：0～100%。

3）进给修调。自动或手动（G01）操作各轴移动时，可修调移动速度，修调范围：0～200%。

（3）进给轴向选择按钮　手动方式时，需往某轴的某方向移动，按住该按钮，使其灯亮，移动轴往选择的方向运动；执行快速移动时，需将快进按钮同时按下，选择轴将快速移动。选择轴移动时的速度受进给修调倍率的影响。

（4）紧急停止　开关机时，用于切断和接通伺服电源；运行中遇到危险的情况时，立即按下此按钮，切断伺服电源，机床将立即停止所有的动作，需解除时，顺时针方向旋钮转此按钮，即可恢复待机状态，在重新运行前必须执行返回参考点操作。

（5）循环起动与进给保持　在自动运行和 MDI 方式下，按下循环起动按钮可进行程序的自动运行；按下进给保持按钮可使运行暂停。再次按下循环起动可继续自动运行。

（6）自动方式　可自动执行存储在 NC 内的加工程序。在执行加工前，必须先按下自动按钮。

（7）单段　自动运转时，按下此按钮后，只执行一个程序段的指令动作，动作结束后停止，要继续运转需要重新按下循环起动按钮；若需程序连续执行，该按钮无效，指示灯在熄灭状态。

（8）手动方式　在此方式下，按下进给轴向选择按钮，选择的轴以手动进给速度移动，如果同时按下快进按钮，则速度加快。

（9）增量方式　在增量方式下，反手持单元起作用。

（10）回零方式　在该方式下，配合进给轴向按钮，可进行各坐标轴的参考点返回。

（11）空运行按钮　在自动方式下，按空运行按钮，CNC 处于空运行状态，程序中编写的进给率被忽略，坐标轴以最大速度快速移动。

（12）增量值选择　在增量方式下按此按钮，指示灯亮，点动进给轴向选择按钮，选择轴移动一个脉冲（×1、×10、×100、×1000 分别表示一个脉冲移动 0.001mm、0.001mm、0.01mm、0.1mm、1mm）。

（13）机床锁住按钮　自动执行时按下此按钮，按键指示灯亮，再按循环起动按钮，机床坐标轴的位置信息不变但不输出伺服轴的移动指令，机床停止不动。该功能可用于校验程序。

4.1.6　思考题

（1）立式铣床和卧式铣床有什么区别?

（2）举例说明铣床加工的几种典型工序。

4.2　钻床认知实验

4.2.1　实验目的

（1）了解钻床的功能范围。

（2）了解钻床的简单操作。

4.2.2　实验设备及仪器

钻床。

4.2.3　实验任务

（1）了解钻床的用途和传动特点。
（2）分析钻床的主运动和进给运动。
（3）了解钻床加工的典型工序。

4.2.4　实验步骤

（1）由指导老师起动钻床、演示空载运转，并介绍钻床的用途及操作方法。
（2）画出钻床主运动和进给运动的草图。
（3）将相关数据记入实验报告。

4.2.5　实验内容

钻床指主要用钻头在工件上加工孔的机床。通常钻头旋转为主运动，钻头轴向移动为进给运动，如图 4-2 所示。钻床结构简单，加工精度相对较低，可钻通孔、不通孔，更换特殊刀具，可扩孔、锪孔、铰孔或进行攻丝等加工。加工过程中工件不动，刀具移动，将刀具中心对正孔中心，并使刀具转动（主运动）。钻床的操作规程为：

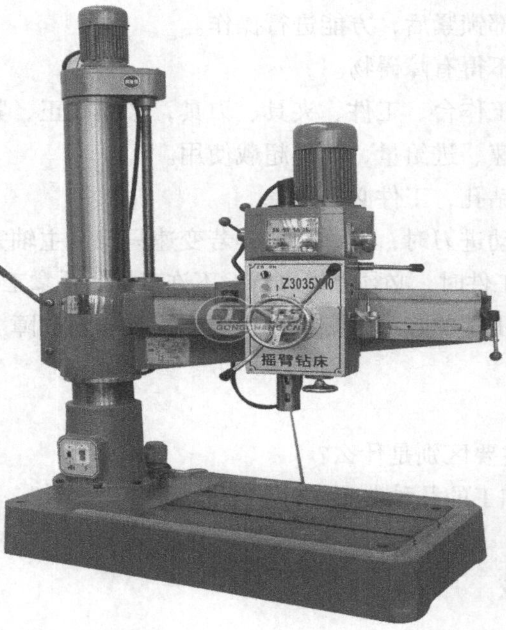

图 4-2　钻床

1. 基本分类

钻床主要用钻头在工件上加工孔（如钻孔、扩孔、铰孔、攻丝、锪孔等）的机床，是机械制造和各种修配工厂必不可少的设备。根据用途和结构主要分为以下几类：

（1）立式钻床　工作台和主轴箱可以在立柱上垂直移动，用于加工中小型工件。

（2）台式钻床　简称台钻。一种小型立式钻床，最大钻孔直径为12～15mm，安装在钳工台上使用，多为手动进钻，常用来加工小型工件的小孔等。

（3）摇臂钻床　主轴箱能在摇臂上移动，摇臂能回转和升降，工件固定不动，适用于加工大而重和多孔的工件，广泛应用于机械制造中。

（4）深孔钻床　用深孔钻钻削深度比直径大得多的孔（如枪管、炮筒和机床主轴等零件的深孔）的专门化机床，为便于去除切屑及避免机床过于高大，一般为卧式布局，常备有冷却液。

（5）中心孔钻床　用于加工轴类零件两端的中心孔。

（6）铣钻床　工作台可纵横向移动，钻轴垂直布置，能进行铣削的钻床。

（7）卧式钻床　主轴水平布置，主轴箱可垂直移动的钻床。

（8）深孔钻床　用深孔钻钻削深度比直径大得多的孔（如枪管、炮筒和机床主轴等零件的深孔）的专业机床，为便于除切屑及避免机床过于高大，一般为卧式布局，常备有冷却液输送装置（由刀具内部输入冷却液至切削部位）及周期退刀排屑装置等。

2. 操作规程

1）工作前必须全面检查各操作机构是否正常，将摇臂导轨用细棉纱擦拭干净并按润滑油牌号注油。

2）摇臂和主轴箱各部锁紧后，方能进行操作。

3）摇臂回转范围内不得有障碍物。

4）开钻前，钻床的工作台、工件、夹具、刃具，必须找正、紧固。

5）正确选用主轴转速、进给量，不得超载使用。

6）超出工作台进行钻孔，工件必须平稳。

7）机床在运转及自动进刀时，不许变速，若变速只能待主轴完全停止，才能进行。

8）装卸刃具及测量工件时，必须停机进行，不许直接用手拿工件钻削，不得戴手套操作。

9）工作中发现有不正常的响声，必须立即停车检查排除故障。

4.2.6　思考题

（1）钻床和铣床的主要区别是什么?

（2）举例说明钻床加工的几种典型工序。

4.3　镗床认知实验

4.3.1　实验目的

（1）了解镗床的功能范围。

（2）了解镗床的简单操作。

4.3.2　实验设备及仪器

镗床。

4.3.3　实验任务

（1）了解镗床的用途和传动特点。

（2）分析镗床的主运动和进给运动。

（3）了解镗床加工的典型工序。

4.3.4　实验步骤

（1）由指导老师起动镗床，演示空载运转，并介绍镗床的用途及操作方法。

（2）画出镗床主运动和进给运动的草图。

（3）将相关数据记入实验报告。

4.3.5　实验内容

镗床主要指用镗刀对工件已有的预制孔进行镗削的机床。通常，镗刀旋转为主运动，镗刀或工件的移动为进给运动，如图 4-3 所示。它主要用于加工高精度孔或一次定位完成多个孔的精加工，此外还可以从事与孔精加工有关的其他加工面的加工。使用不同的刀具和附件还可进行钻削、铣削，其加工精度和表面质量要高于钻床。镗床是大型箱体零件加工的主要设备。

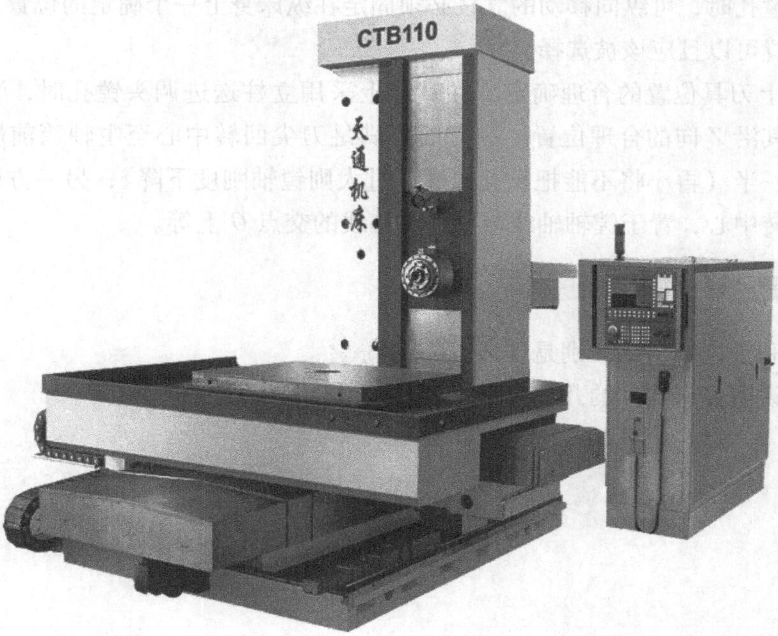

图 4-3　镗床

（1）以箱体零件同轴孔系为代表的长孔镗削，是金属切削加工中最重要的内容之一。尽管现在仍有采用镗模、导套、台式铣镗床后立柱支承长镗杆或人工找正工件回转180°等方法实施长孔镗削的实例，但近些年来，一方面由于数控铣镗床和加工中心大量使用，使各类卧式铣镗床的坐标定位精度和工作台回转分度精度有了较大提高，长孔镗削逐渐被高效的工作台可回转180°自定位的调头镗孔方式代替另一方面床身布局的限制或数控刨台式铣镗床的大量生产和应用，从机床结构上使工作台回转180°自定位的调头镗孔方式，几乎成为在该种机床上镗削长孔的主要方法。

（2）立柱送进调头镗孔的同轴度误差及其补偿　影响铣镗床调头镗孔同轴度的主要因素与台式铣镗床一样，也是工作台回转180°调头的分度误差 d_a 和为使调头前已镗成的半个长孔 d_1 轴线，在调头后再次与镗轴轴线重合而镗削长孔的另一半孔 d_2，所需工作台横（x）向移动 $L_x = 2l_x$ 的定位误差 d_{x2}。而且工作台回转180°前后，台面在 xy 坐标平面内产生的倾角误差 d_f，在 yz 平面内产生的倾角误差 dγ 及在 y 向产生的平移误差 dy，也同样是刨台式铣镗床调头镗孔同轴度的重要影响因素。但镗轴轴线空间位置对调头镗孔同轴度的影响，通常用立柱送进完成孔全长镗削的刨台式铣镗床，与通常用工作台纵移送进的台式铣镗床有明显的不同。

（3）镗轴送进时立柱纵向位置的合理确定　当碰到特定情况，铣镗床必须把立柱固定在纵向床身上的一个合适位置，而用镗轴带着刀具伸出作为镗孔的送进形式时，镗轴轴线与被镗孔名义轴线在 xz 平面内的交角误差 db，在 yz 平面内的交角误差 dg，与台式铣镗床一样，对调头镗孔的同轴度都有重要的影响，并且随着镗轴送进长度的增加，镗轴自重引起的镗杆下挠变形，也对调头镗孔的同轴度产生较大影响。与台式铣镗床不同的是，刨台式铣镗床的镗轴伸出镗孔时，可纵向移动的立柱必须固定在纵床身上一个确定的位置，并且重要的是这个确定位置可以且应该被选择。

（4）镗床上刀具位置的合理确定　在镗床上采用立柱送进调头镗孔时，装夹在镗轴刀杆上的镗刀，其沿 Z 向的合理位置，一方面要满足刀尖回转中心至主轴箱前端面的距离稍大于孔全长的一半（再小将不能把长孔镗通，过大则镗轴刚度下降）；另一方面还要满足把刀具刀尖的回转中心，置于镗轴轴线与立柱纵移线的交点 O 上等。

4.3.6　思考题

（1）镗床和铣床的主要区别是什么？

（2）举例说明镗床加工的几种典型工序。

实验报告 7　铣床认知实验

实验名称________________________

实验日期________________________

班级________________________

姓名________________________

同组人________________________

成绩________________________

一、实验目的。

二、实验设备及仪器型号。

三、画出铣床主运动和进给运动的草图。

四、说明铣床标牌型号的含义。

五、说明铣床的典型工序。

六、思考题。

实验报告 8　钻床认知实验

实验名称________________________

实验日期________________________

班级________________________

姓名________________________

同组人________________________

成绩________________________

一、实验目的。

二、实验设备及仪器型号。

三、画出钻床主运动和进给运动的草图。

四、说明钻床标牌型号的含义。

五、说明钻床的典型工序。

六、思考题。

实验报告 9　镗床认知实验

实验名称________________________________

实验日期________________________________

班级________________________________

姓名________________________________

同组人________________________________

成绩________________________________

一、实验目的。

二、实验设备及仪器型号。

三、画出镗床主运动和进给运动的草图。

四、说明镗床标牌型号的含义。

五、说明镗床的典型工序。

六、思考题。

第 5 章　数 控 机 床

5.1　数控机床结构认知实验

5.1.1　实验目的

（1）了解数控机床的布局、基本结构及其功用。

（2）了解数控机床的基本操作。

5.1.2　实验设备及仪器

数控车床。

5.1.3　实验任务

（1）了解数控车床的用途和传动特点。

（2）分析数控车床的主运动和进给运动。

（3）了解数控车床加工的典型工序。

5.1.4　实验步骤

（1）由指导老师起动数控车床、演示空载运转，并介绍数控车床的用途及操作方法。

（2）画出数控车床主运动和进给运动的草图。

（3）将相关数据记入实验报告。

5.1.5　实验内容

本实验主要以 CINCINNATI21i/210is—TA　型数控车床为例，如图 5-1 所示，着重介绍该机床的布局、结构及其运动。该机床的主要技术规格：

（1）最大车削直径	ϕ220mm
（2）标准切削直径	ϕ150mm
（3）横向最大行程（X 轴）	20mm + 110mm
（4）纵向最大行程（Z 轴）	480mm
（5）前后顶尖间最大距离	600mm
（6）快速进给 Z：15m/min	X：12m/min
（7）主轴转速	60 ~ 60000r/min
（8）刀座数目	12
（9）主轴电动机功率	7.46kW

图 5-1　数控车床

1. 数控机床概述

随着近代计算机技术和自动控制、精密测量等科学技术的发展，出现了适应生产发展要求的机电一体化的新型自动化机床——数控机床。数控机床是用数字代码形式的信息来控制机床按给定的动作顺序进行加工的自动化机床。其组成如图 5-2 所示。

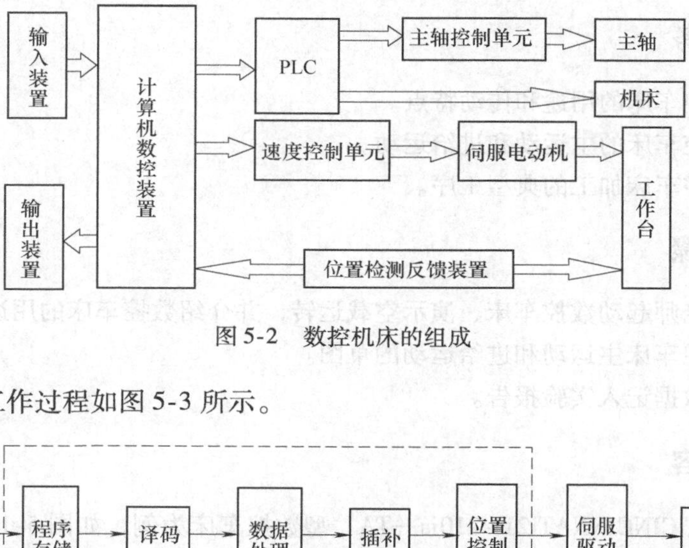

图 5-2　数控机床的组成

数控机床的工作过程如图 5-3 所示。

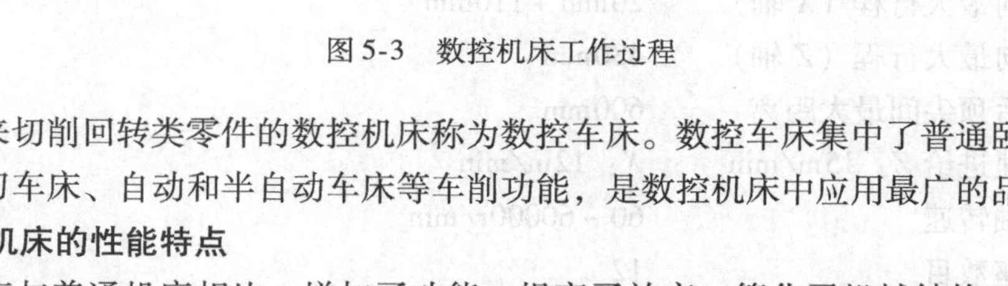

图 5-3　数控机床工作过程

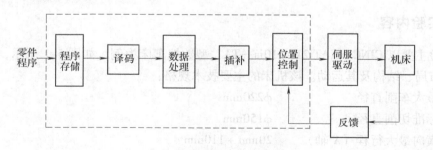

主要用来切削回转类零件的数控机床称为数控车床。数控车床集中了普通卧式车床、转塔车床、多刀车床、自动和半自动车床等车削功能，是数控机床中应用最广的品种之一。

2. 数控机床的性能特点

数控机床与普通机床相比，增加了功能，提高了效率，简化了机械结构。其性能对比见表5-1。

表5-1 数控机床与普通机床的对比

主要性能	数控机床	普通机床
对异形复杂零件的加工性	适宜	不适宜
对加工精度的保证性	易保证	较困难
对精度补偿和优化控制	能实现	不能实现
对加工质量的稳定性	稳定	不稳定
对加工对象更改的方便性	方便	差些
加工效率	高	低
对机床操作管理	可多机看管	只能一人一机
经费投资	大	较小
对工人的文化素质要求	高	较低

3. 数控机床的结构特点

数控机床与同类的普通机床在外形结构上虽然大体相似，但其内部结构却有很大的差异。为了保证稳定的加工质量，提高加工能力和切削效率，在数控机床的结构设计中，必须具备如下特点：

（1）结构刚度高、抗振性好　有标准规定数控机床的刚度系数应比类似的普通机床高50%。从提高数控机床抗振性角度出发，应减少机床内部振源，提高静态刚度，增加构件或结构的阻尼以达到抑制振动产生的目的。

（2）采取消除传动齿轮侧隙的措施　数控机床进给系统的传动齿轮副中若存在侧隙，在开环系统中则会造成进给运动的位移值滞后于指令值；反向运动时，则会出现反向死区，影响加工精度。在闭环系统中，虽然侧隙带来的滞后量可以得到反馈信号的补偿，但反向时会使伺服系统产生振荡而不稳定。为了提高数控机床伺服系统的性能，在设计时必须采取相应措施，使侧隙减小到允许的范围内，图5-4所示为圆柱齿轮传动侧隙消除的方法。

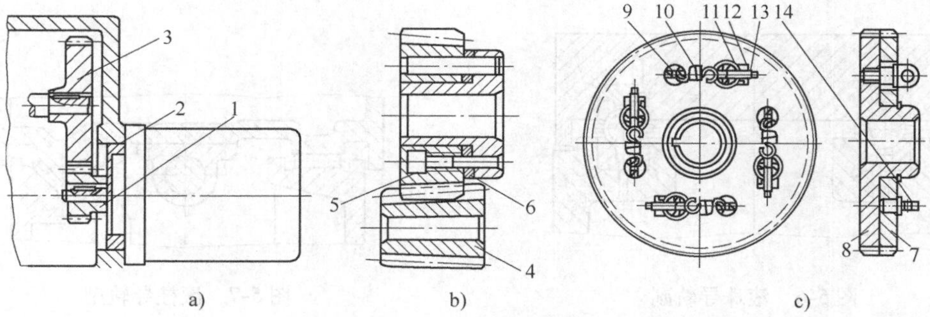

图5-4　圆柱齿轮传动侧隙消除方法
1、3、4、5—齿轮　2—偏心环　6—轴向垫片　7、8—薄片齿轮　9、14—凸耳
10—弹簧　11、13—螺母　12—螺钉

1）偏心轴套调整法（图5-4a）。利用偏心环2缩小两个啮合齿轮中心距的方法来消除

圆柱齿轮正反转时的侧隙。

2）轴向垫片调整法（图 5-4b）。将啮合齿轮的节圆直径沿着齿宽方向制成稍有锥度，这样就可通过轴向垫片 6 使齿轮轴向移位来消除其侧隙。

3）双片薄齿轮调整法（图 5-4c）。两个啮合的圆柱齿轮，一个制成宽齿轮，另一个有两片能相对转位的薄齿轮组成，再附加某些措施使宽齿轮的齿面两侧分别与两薄片齿轮的不同齿侧贴紧。这样利用错齿消除侧隙，反向时就不会出现死区。

（3）采用传动效率很高的精密滚珠丝杠螺母副　图 5-5 所示为滚珠丝杠螺母副。它是回转运动与直线运动相互转换的传动机构，由丝杠 a、螺母 b 和其间的滚珠 c 组成。在丝杠 a 和螺母 b 上都有圆弧形的螺旋槽，这两个圆弧形的螺旋槽对起来就形成螺旋滚道，在滚道内装有许多滚珠 c。当丝杠 a 回转时，滚珠 c 相对螺母 b 上的滚道按箭头 d 方向滚动。因此，丝杠 a 在螺母 b 之间基本上是滚动摩擦。为了防止滚珠从螺母中掉出来，在螺母 b 的螺旋槽两端应有挡珠器挡住，并有回路管道使它的两端连接起来，使滚珠 c 从螺旋槽的一端滚出螺母体后，沿着回路管道重新返回到滚道另一端，以进行循环不断的流动。

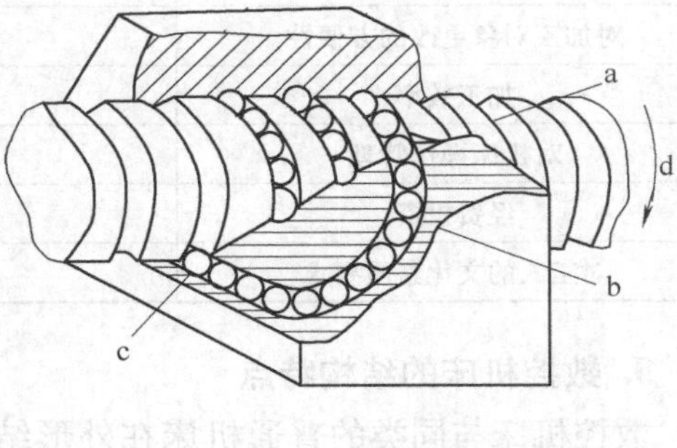

图 5-5　滚珠丝杠螺母副

滚珠丝杠螺母副的摩擦损失小，传动效率高，可达 0.90～0.96；滚珠丝杠螺母副可通过预紧来消除间隙，从而提高传动刚度；这种传动的摩擦阻力小，能保证运动平稳，不易产生低速爬行现象，传动损失小，寿命长，精度保持性好。

（4）采用摩擦系数很小的滚动导轨副　图 5-6、图 5-7 所示的滚动导轨副是在导轨工作面之间放置滚珠、滚柱或滚针等滚动体，形成滚动摩擦。其摩擦系数小（0.0025～0.005），动静摩擦力相差很小，运动轻便灵活，所需功率小，摩擦发热少，磨损小，精度保持性好，移动精度和定位精度都较高。

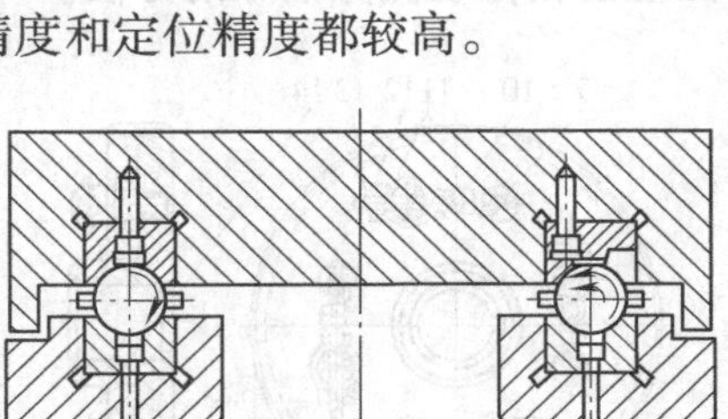
图 5-6　滚珠导轨副

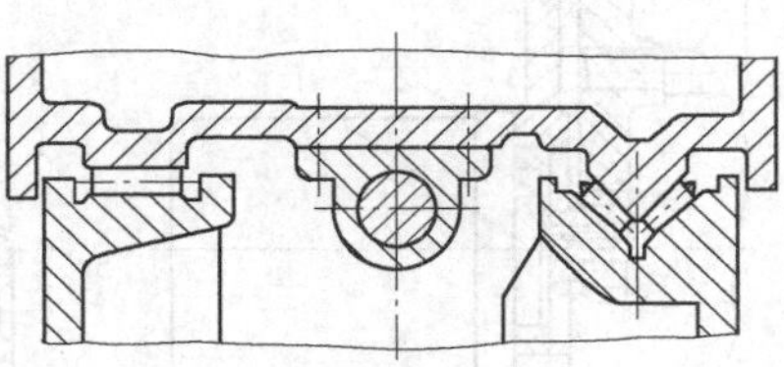
图 5-7　滚柱导轨副

目前在数控机床中普遍采用滚动导轨支撑块结构，并且已经做成独立的标准组件。图 5-8为滚动导轨支撑块结构。其结构特点是刚度高，承载能力大，便于拆装，可直接装在任意行程长度的运动部件上。

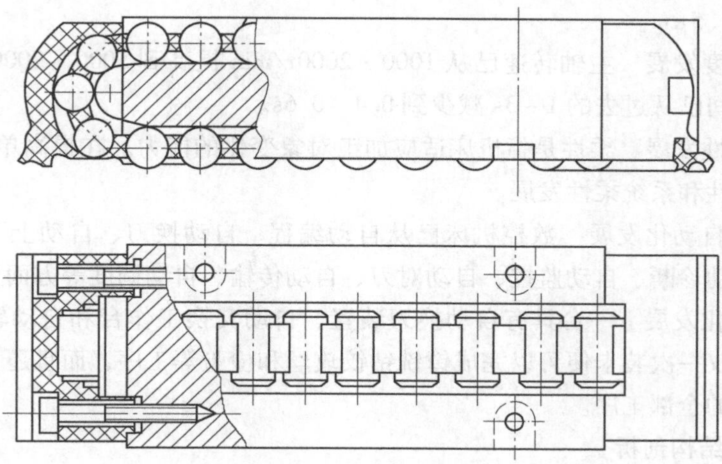

图5-8 滚动导轨支撑块

（5）采用性能优良的主轴调速电动机 如图5-9所示直流或交流主轴电动机。这类电动机有以下特点：输出功率大，恒功率输出的速度范围宽、在大的调速范围内速度稳定，在断续负载下电动机转速波动小，升降速时间短，电动机温升低，振动、噪声小，过载能力强，可靠性高，寿命长，安装维护方便等。

现代数控机床更是向高速、高精度方向发展，为此，其主轴和电动机常采用一体化设计——电主轴，如图5-10所示。

（6）采用了增大功率的伺服进给电动机和先进刀具，以满足高速、强力切削的要求。

图5-9 伺服电动机

图5-10 电主轴

4. 数控机床的发展趋势

具有精密、柔性、高效的数控机床，随着社会需求的多样化和相关技术的进步，将会向更广的领域和更深的层次发展。

（1）向高精度发展 近十年来已经取得了明显的提高，如普通中等规格数控机床的定位精度已从20世纪80年代初期的±0.012mm/300mm，提高到20世纪90年代初期的±(0.002~0.005)mm/全程，加工精度已由原来的±10μm提高到±5μm；精密机床更是从

±5μm 提高到 ±1.5μm。

（2）向高速度发展　主轴转速已从 1000～2000r/min 提高到 5000～7000r/min，数控车床刀架的转位时间已从过去的 1～3s 减少到 0.4～0.6s。

（3）向高柔性发展　柔性是指机床适应加工对象变化的能力。在提高单机柔性的同时，正努力向单元柔性和系统柔性发展。

（4）向高度自动化发展　数控机床已从自动编程、自动换刀、自动上下料、自动加工向自动检测、自动诊断、自动监控、自动对刀、自动传输、自动调度等方面发展。

（5）向复合化发展　一台具有自动换刀装置、自动交换工作台和自动转换主轴头的镗铣加工中心，不仅一次装卡便可以完成镗铣钻铰攻丝和检验等工序，而且还可以完成箱体件五个面粗精加工的全部工序。

5. 数控车床结构剖析

目前使用的数控车床分为两大类：数控立式车床和数控卧式车床。CINCINNATI21i/210is—TA 为具有先进的斜床身式数控车床。其结构图如图 5-11所示。其整体布局如图 5-12所示。

图 5-11　斜床身式数控车床

（1）床身结构　CINCINNATI21i/210is—TA 采用了特殊设计的 45°斜式床身，作为机床的基础部件。主电动机、主轴箱、刀架、尾架、数控装置等安装在床身上。

（2）主轴箱和主轴　CINCINNATI21i/210is—TA 主轴箱内仅有一根主轴，通过带与伺服电动机直接连接，无齿轮传动，可避免传动件发热和振动对加工精度的影响。

主轴设计上对各装配过程的技术要求都一一量化，如重要紧固螺钉的紧固力矩、重要轴承所加润滑油的体积和装配前的预热度、带的张力等。

刀具的夹紧装置有电动、液动和气动三种，各自有各自的特点：①电动的简单、灵活；②液动的复杂，夹紧力大；③气动的方便、灵活、结构简单。CINCINNATI21i/210is—TA 采用液动夹紧装置。

（3）刀架　CINCINNATI21i/210is—TA 采用有 12 个刀位的转塔式刀架，为内外径共用刀架，每个刀具位置均可安装内径刀或外径刀。

转塔刀架各刀座之间方向、位置经严格计算，保证在加工与转位中不发生刀具之间的碰

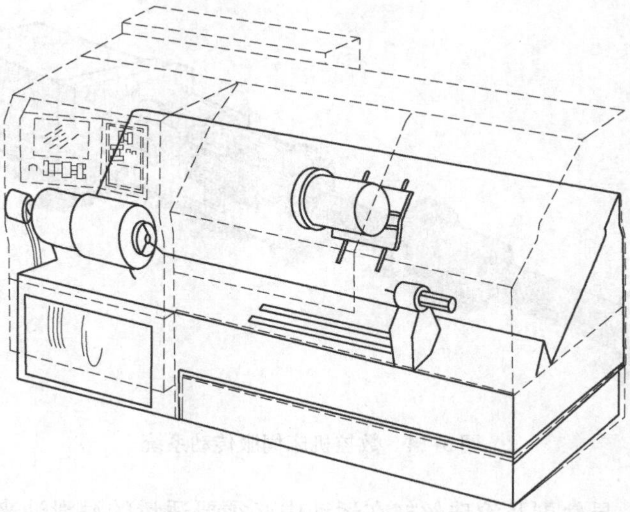

图 5-12 CINCINNATI21i/210is—TA 布局

撞与干扰。图 5-13 所示为转塔刀架图。

图 5-13 转塔刀架

（4）进给系统 CINCINNATI21i/210is—TA 的 X、Z 轴进给都采用伺服电动机与滚珠丝杠直接相连、无带传动或齿轮传动，避免了侧隙及振动，使精度大为提高。滚珠丝杠螺母副精度高，而且耐用性好，摩擦系数小，无爬行现象，定位精度高、寿命长。

（5）伺服系统 数控车床伺服系统多采用无刷直流电动机或交流电动机，目前调频异步交流电动机已占优势。它与直流电动机相比，由于无电刷，其结构简单，工作可靠。如图 5-14所示。

（6）控制系统 CINCINNATI21i/210is—TA 采用日本 FANUC 控制系统，具有彩色显示，各种指标显示及故障报警系统。

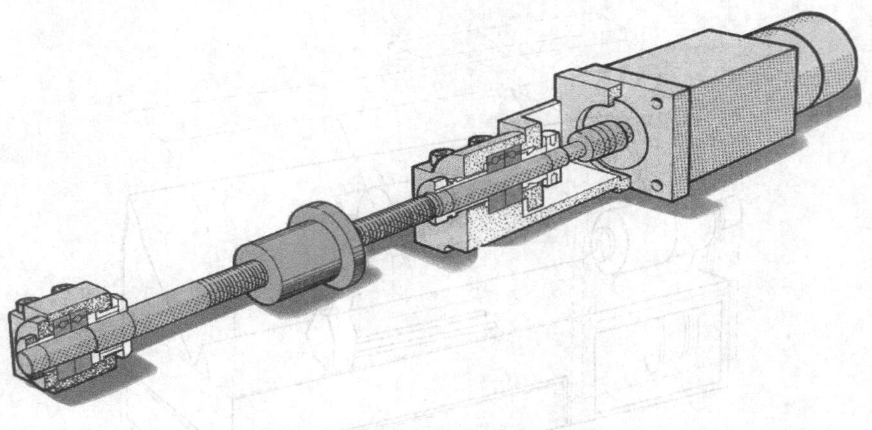

图 5-14　数控机床伺服传动系统

（7）润滑系统　导轨副及滚珠丝杠在运动中必须要适量的润滑油来润滑，以减小摩擦，带走热量。

5.1.6　思考题

（1）数控车床和普通车床在主传动上有何不同？

（2）简述数控车床和普通车床车螺纹是怎么实现的。

5.2　车削中心结构剖析及加工实验

5.2.1　实验目的

（1）熟悉 DL20MH 车削中心的加工原理。

（2）能简单操作 DL20MH 车削中心并进行加工。

5.2.2　实验设备及仪器

DL20MH 车削中心。

5.2.3　实验任务

（1）了解车削中心的用途和传动特点。

（2）分析车削中心的主运动和进给运动。

（3）了解车削中心加工的典型工序。

5.2.4　实验步骤

（1）由指导老师起动车削中心、演示空载运转，并介绍车削中心的用途及操作方法。

（2）画出车削中心主运动和进给运动的草图。

（3）将相关数据记入实验报告。

5.2.5 实验内容

1. 车削中心的结构特点

车削中心常见类型有卧式车削中心和立式车削中心。

1）卧式车削中心。机床除具备一般的车削功能外，还具备在零件的端面和外圆面上进行钻、铣加工的功能，如图5-15所示。

2）立式车削中心。立式车床可以对卧式数控车床不可能加工的异型巨大零部件进行高效率的加工，如图5-16所示。

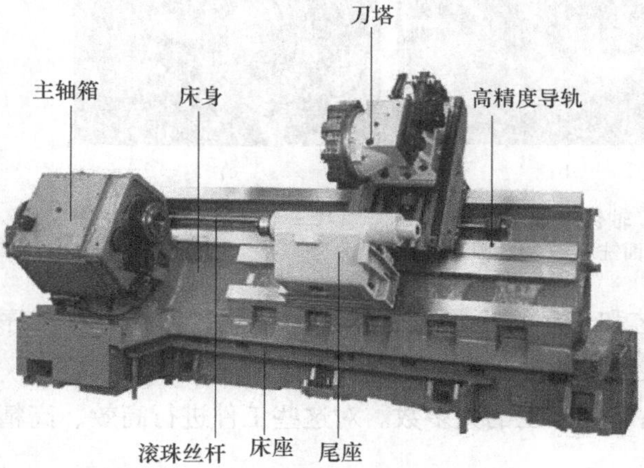

图5-15 四轴控制卧式车削中心

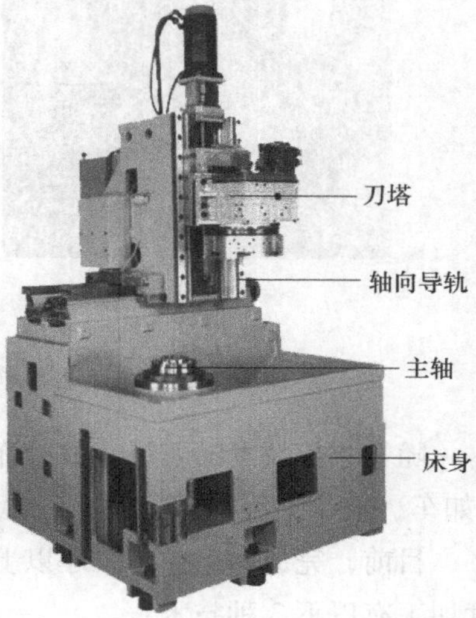

图5-16 立式车削中心

车削加工中心是一种以车削加工模式为主，添加铣削动力刀座（图5-17）、动力刀盘（图5-18）或机械手，可进行铣削加工的车—铣合一的切削加工机床。在回转动力刀盘上安装带动力电动机的铣削动力头，装夹工件的回转主轴转换为进给 C 轴，便可对回转零件的圆周表面及端面等进行铣削类加工。

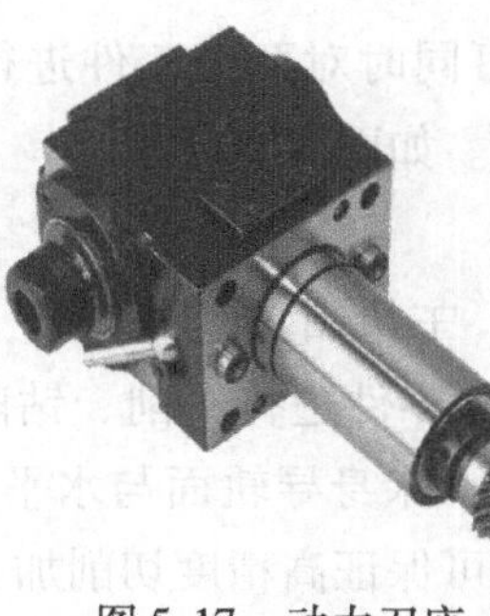

图5-17 动力刀座

图5-18 动力刀盘

车削中心除具有一般二轴联动数控车床的各种车削功能外，车削中心的转塔式刀盘上有能使刀具旋转的动力刀座，主轴具有按轮廓成形要求连续（不等速回转）运动和进行连续精确分度的 C 轴功能，并能与 X 轴或 Z 轴联动。控制轴除 X、Z、C 轴外，还有 Y 轴。可进行端面和圆周上任意部位的钻削、铣削和攻螺纹加工，在具有插补功能的条件下，还可以实现各种曲面铣削加工，主要用于轴类和盘类回转体零件的多工序加工，具有高精度、高效率、高柔性化等综合特点，适合中小批量形状复杂零件的多品种、多规格生产，如图 5-19 所示。

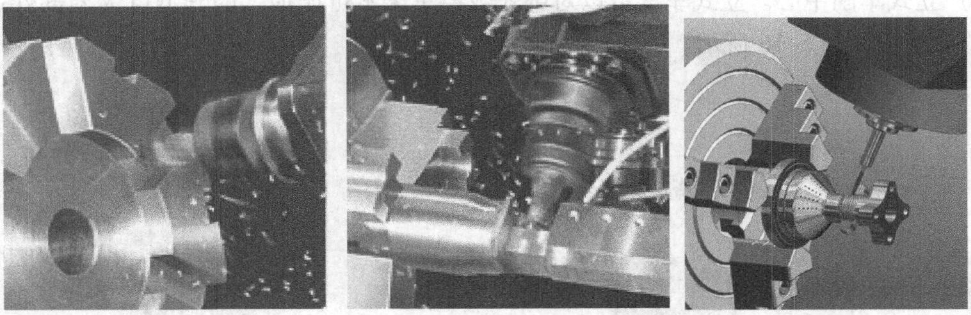

a)　　b)　　c)

图 5-19　C 轴铣削加工例图

a）端面铣槽　b）端面铣六方　c）圆锥面上钻孔

随着数控技术的发展，数控车床的工艺和工序将更加复合化和集中化，即把各种工序（如车、铣、钻等）都集中在一台数控车床上来完成。

目前，完成两个加工工序以上的工件占车削加工的大多数。对这些工件进行高效、高精度加工有以下 3 种技术：

（1）内外加工集中化　在机床内装有 1 次加工（外表面）以及 2 次加工（内表面）的各种功能部件。

（2）加工的复合化　除车削加工外，机床内还装有铣削加工、磨削加工等各种功能的部件。

（3）智能化　机床内具有储存、运输、加工一体化、工件识别、工件夹持控制、适应控制、信息网络等最新监控技术的功能部件。

车削加工中心机床常把夹持工件的主轴做成两个，既可同时对两个工件进行相同的加工，也可通过在两主轴上交替夹持，完成对夹持部位的加工。如图 5-20 所示。

2. DL20MH 车削中心简介

DL20MH 车削中心是三轴联动半闭环控制的车削中心，主机由 FANUC 0i－TC 系统控制，广域交流伺服主电动机，功率为 15kW，可对各种回转体零件进行车削、钻削、铣削加工。DL20MH 机床床身采用整体铸造成型，圆筒式筋板结构，床身导轨面与水平倾斜 45°布局，具有较大的承载截面，刚性强，吸振性好，不易变形，可保证高精度切削加工。主传动系统采用广域交流伺服电动机，配合高分辨率的主轴环形脉冲编码器和主轴液压制动装置，可实现高精度的 C 轴分度功能和铣削加工，并具有低速大转矩的输出特性。机床纵横向运

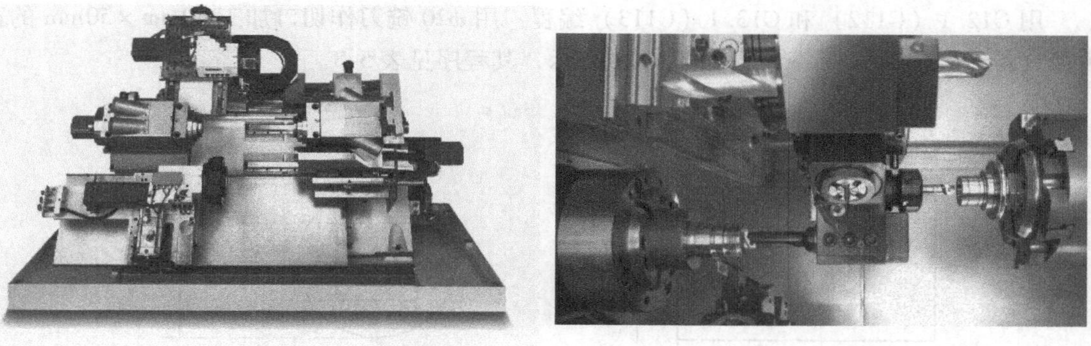

a)　　　　b)

图5-20　双主轴双刀塔车削中心的结构及加工示意图
a）双主轴双刀塔车削中心　b）双主轴双刀塔车削中心加工示意

动副采用交流伺服电动机驱动，配合THK滚珠丝杠和直线滚动导轨，具有良好的动态特性和运动精度。机床配备意大利进口十二工位伺服动力刀塔，可完成车削以外的钻削、铣削、攻螺纹等复合加工，提高零件加工的工序集中能力和加工精度。

3. 车削中心编程

如图5-21所示，控制轴和运动方向见表5-2。

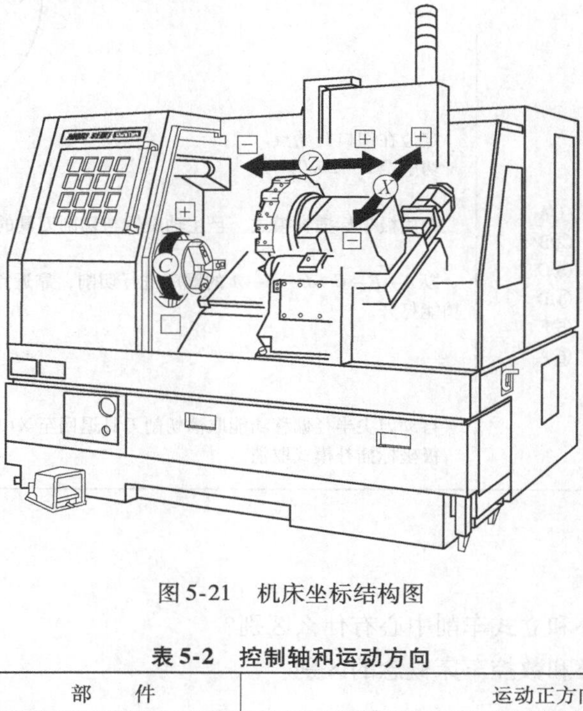

图5-21　机床坐标结构图

表5-2　控制轴和运动方向

控　制　轴	部　　件	运动正方向
X	刀塔	加工直径增加的方向
Z	刀塔	切削刀具远离主轴移动的方向
C	主轴	逆时针方向旋转，从主轴观察工件

用 G12.1（G112）和 G13.1（G113）编程：用 $\phi 20$ 铣刀作切口加工 50mm×50mm 的正方形（$A \rightarrow B \rightarrow C \rightarrow D \rightarrow E \rightarrow A$），如图 5-22 所示，其程序见表 5-3。

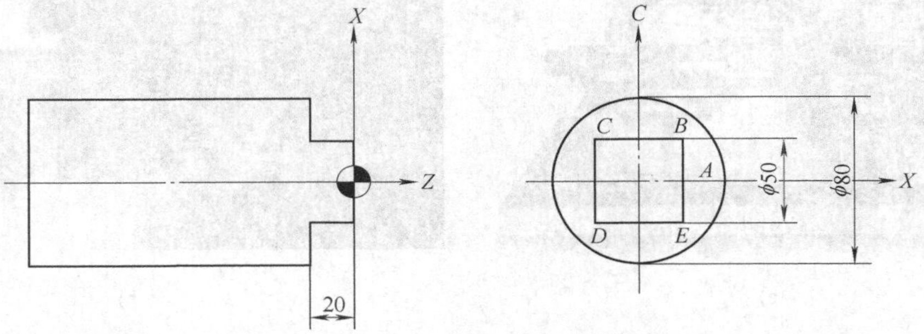

图 5-22　极坐标编程实例图

表 5-3　编程程序

程　序		说　明
O1； N1； M45； G28 H0； G00 T0101； G97 S100 M13； X80.0 Z30.0； G98 G01 Z-20.0 F100； G18； G12.1（G112）； G42 X50.0 C25.0； X-50.0； C-25.0； X50.0； C0； G40 X100.0； G13.1（G113）； …	①A ②B ③C ④D ⑤E ⑥A	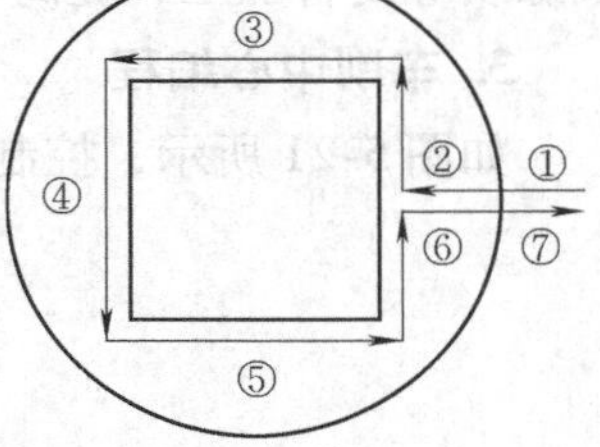 定位在切口开始点。 切削至 $Z-20.0$。 调用极坐标插补模式，且主轴旋转与切削刀具的进给速度同步。 以 $A \rightarrow B \rightarrow C \rightarrow D \rightarrow E \rightarrow A$ 的顺序进行切削，靠近点 A 时，自动刀尖半径偏移功能打开。 自动刀尖半径偏移功能取消切削刀具退回至 X100.0。 极坐标插补模式取消。

5.2.6　思考题

（1）卧式车削中心和立式车削中心有什么区别？

（2）简述车削中心和数控车床概念的区别。

实验报告10 数控机床结构认知实验

实验名称____________________

实验日期____________________

班级____________________

姓名____________________

同组人____________________

成绩____________________

一、实验目的。

二、实验设备及仪器型号。

三、画出数控车床主运动和进给运动的草图。

四、说明数控车床标牌型号的含义。

五、说明数控车床的典型工序。

六、思考题。

实验报告11 车削中心结构剖析及加工实验

实验名称____________________

实验日期____________________

班级____________________

姓名____________________

同组人____________________

成绩____________________

一、实验目的。

二、实验设备及仪器型号。

三、画出车削中心主运动和进给运动的草图。

四、说明几种车削中心标牌型号的含义。

五、说明车削中心的典型工序。

六、思考题。

第 6 章　工件在机床上的安装

6.1　车床夹具认知实验

6.1.1　实验目的

（1）了解车床上常用的装夹方法及定位元件限制不定度情况。

（2）了解车床夹具与车床的连接方式。

6.1.2　实验设备及仪器

（1）车床 CA6132、CA6140 和钻床 Z5025。

（2）自定心卡盘、单动卡盘、鸡心夹头、顶尖、心轴、平口钳、中心架、压板等。

6.1.3　实验任务

（1）掌握夹具定位原理。

（2）了解车床夹具的特点。

（3）了解夹具的安装。

6.1.4　实验步骤

（1）观察车床结构，记录车床型号和参数。

（2）观察夹具结构，了解各组成部件的名称、作用和定位原理。

（3）将夹具正确安装在车床上，画出定位原理图。

6.1.5　实验内容

1. 了解车床上常用的装夹方法及定位元件限制自由度情况

1）卡盘装夹。夹持长：限制 4 个自由度；夹持短：限制 2 个自由度（部分定位）。

2）一夹一顶。卡盘：限制 4 个自由度；活动顶尖：限制 2 个自由度（重复定位）。

3）两顶尖装夹。前固定顶尖：限制 3 个自由度；尾座顶尖限制 2 个自由度。

2. 了解车床夹具与车床的连接方式

1）以长锥柄装夹在主轴锥孔中，如图 6-1 所示。

2）以端面和锥孔装夹在主轴前端，如图 6-2 所示。

3. 一夹一顶装夹车削应用场合

对于工件长度伸出较长，重量较重，端部刚性较差的工件，可采用一夹一顶装夹进行加工。利用自定心卡盘或单动卡盘夹住工件一端，另一端用后顶尖顶住，形成一夹一顶装夹结构，如图 6-3 所示。

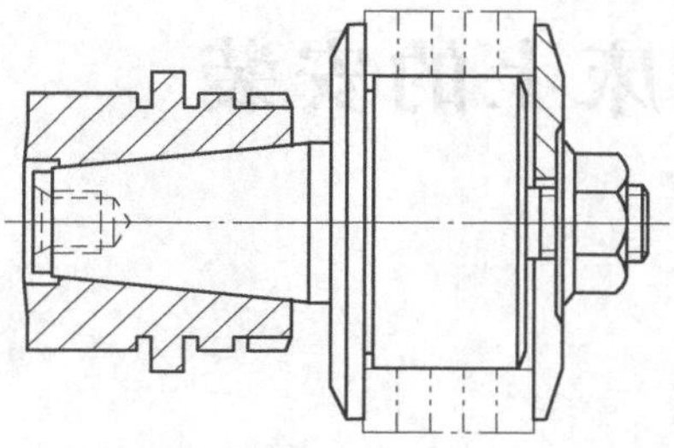

图 6-1　以长锥柄装夹

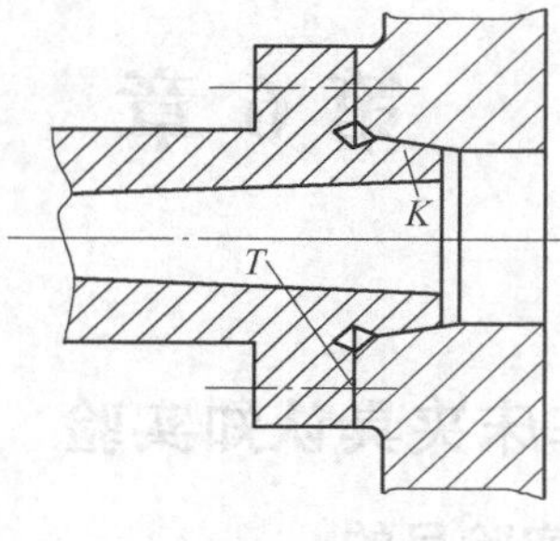

图 6-2　以端面和锥孔装夹

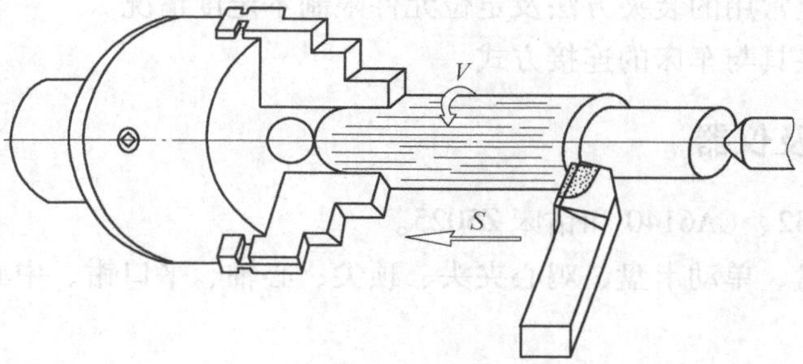

图 6-3　一夹一顶装夹车削工件

4. 一夹一顶装夹车削加工特点

一夹一顶装夹工件的特点：

1）装夹比较安全、可靠，能承受较大的轴向切削力。

2）安装刚性好，轴向定位正确。

3）增强较长工件端部的刚性，有利于提高加工精度和表面质量。

4）卡盘卡爪和顶尖重复限制工件的自由度，影响了工件的加工精度。

5）尾座中心线与主轴中心线产生偏移，车削时轴向容易产生锥度。

6）较长的轴类零件，中间刚性较差，需增加中心架或跟刀架，对操作者技能程度提出较高的要求。

综上所述，利用一夹一顶装夹加工零件时，工件的装夹长度尽量要短；要进行尾座偏移量的调整。一夹一顶装夹是车削轴类零件最常用的方法。

5. 一夹一顶装夹结构

一夹一顶车削，最好要求用轴向限位支撑或利用工件的阶台作限位，否则在轴向切削力的作用下，工件容易产生轴向位移。如果不采用轴向限位支撑，加工者必须随时注意后顶尖的支顶紧、松情况，并及时进行调整，以防发生事故。装夹结构如图 6-4 所示。

两个或两个以上支承点重复限制同一个自由度，称为过定位。用一夹一顶方式装夹工件，当卡盘夹持部分较长时，卡盘限制了四个自由度，后顶尖限制了两个自由度有两个自由度被重复限制。为了消除过定位，卡盘夹持部位应较短，只限制两个自由度，后顶尖限制两个自由度，是不完全定位。

过定位对工件的定位精度有影响，一般要消除过定位。只有工件的定位基准、夹具的定位元件精度很高时，方可允许过定位存在。

6. 所用的夹具

（1）自定心卡盘　自定心卡盘的三个卡爪是同步运动的，能自动定心，工件安装后一般不需要校正。但若工件较长，工件离卡盘较远部分的旋转中心不一定与车床主轴旋转中心重合，这时工件就需校正。如自定心卡盘使用时间较长而精度下降后，工件的加工部位精度要求较高时，也需要进行校正。

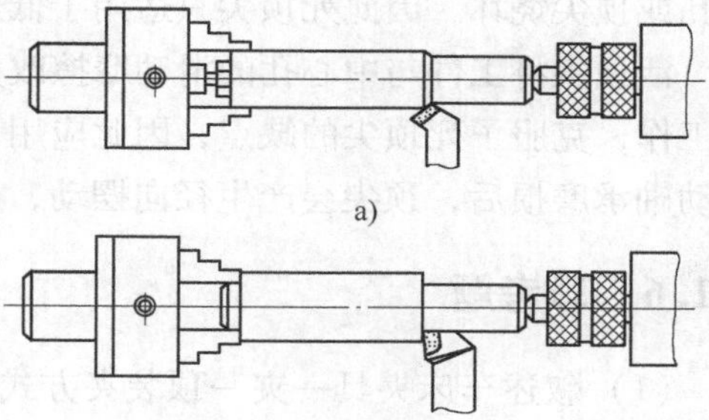

图6-4　一夹一顶装夹结构
a）用限位支承　b）用工件台阶限位

自定心卡盘装夹工件方便，省时，但夹紧力较小，所以适用于装夹外形较规则的中小型零件，如圆柱形、正三边形、正六边形工件等，如图6-5所示。

自定心卡盘规格有150mm、200mm、250mm三种。

（2）单动卡盘　单动卡盘的四个卡爪各自独立运动，因此工件安装后必须将工件的旋转中心校正到与车床主轴的旋转中心重合，才能车削，如图6-6所示。

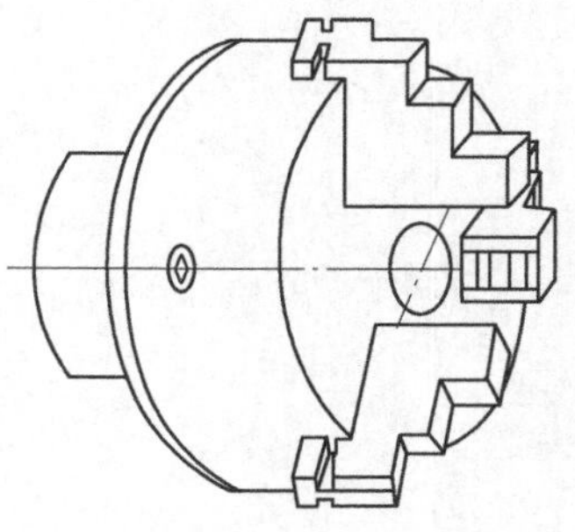

图6-5　自定心卡盘

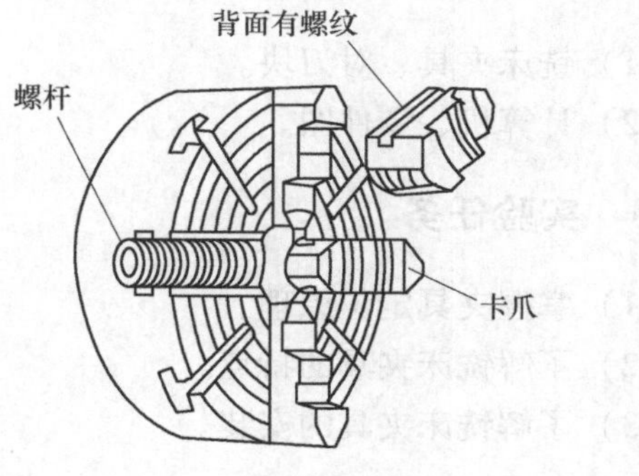

图6-6　单动卡盘

单动卡盘校正工件比较麻烦，但夹紧力较大，适用于安装大型或形状不规则的工件。单动卡盘可装夹成正爪和反爪两种形式。反爪可以装夹直径较大的工件。

（3）后顶尖　后顶尖有固定顶尖和活顶尖两种，如图6-7和6-8所示。

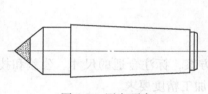

图6-7　固定顶尖

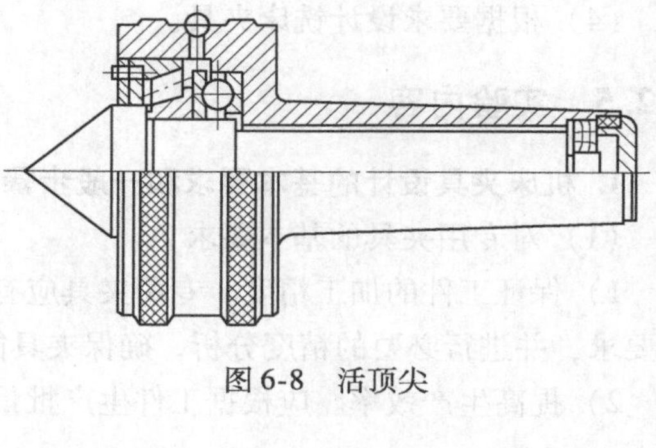

图6-8　活顶尖

固定顶尖刚性好，定心准确，但与工件中心孔之间产生滑动摩擦而发热过多，容易将中心孔或顶尖烧坏。因此死顶尖只适用于低速且加工精度要求较高的工件。

活顶尖将工件与中心孔的滑动摩擦改为顶尖内部轴承的滚动摩擦，能在很高的转速下正常工作，克服了死顶尖的缺点，因此应用日益广泛。但活顶尖存在一定的装配积累误差。当滚动轴承磨损后，顶尖会产生径向摆动，从而降低了加工精度。

6.1.6 思考题

（1）叙述车床夹具一夹一顶装夹方式的定位原理。

（2）依据工件的生产批量，如何选择车床夹具？

6.2 铣床夹具认知与设计实验

6.2.1 实验目的

（1）了解夹具在铣削加工中的应用。

（2）熟悉铣夹具的设计。

6.2.2 实验设备及仪器

（1）铣床夹具、对刀块。

（2）计算机、零件图。

6.2.3 实验任务

（1）掌握夹具定位原理。

（2）了解铣床夹具的特点。

（3）了解铣床夹具的安装。

6.2.4 实验步骤

（1）观察铣床结构，记录车床型号和参数。

（2）观察铣床夹具结构，了解各组成部件的名称、作用和定位原理。

（3）将铣床夹具正确安装在车床上，画出定位原理图。

（4）根据要求设计铣床夹具。

6.2.5 实验内容

1. 机床夹具设计的基本要求和一般步骤

（1）对专用夹具的基本要求

1）保证工件的加工精度。专用夹具应有合理的定位方案，标注合适的尺寸、公差和技术要求，并进行必要的精度分析，确保夹具能满足工件的加工精度要求。

2）提高生产效率。应根据工件生产批量的大小设计不同复杂程度的高效夹具，以缩短辅助时间，提高生产效率。

3）工艺性好。专用夹具的结构应简单、合理，便于加工、装配、检验和维修。

专用夹具的制造属于单件生产。当最终精度由调整或修配保证时，夹具上应设置调整或修配结构，如设置适当的调整间隙，采用可修磨的垫片等。

4）使用性好。专用夹具的操作应简便、省力、安全可靠，排屑应方便，必要时可设置排屑结构。

5）经济性好。除考虑专用夹具本身结构简单、标准化程度高、成本低廉外，还应根据生产纲领对夹具方案进行必要的经济分析，以提高夹具在生产中的经济效益。

（2）专用夹具设计步骤

1）明确设计任务与收集设计资料。夹具设计的第一步是在已知生产纲领的前提下，研究被加工零件的零件图、工序图、工艺规程和设计任务书，对工件进行工艺分析。其内容主要是了解工件的结构特点、材料；确定本工序的加工表面、加工要求、加工余量、定位基准和夹紧表面及所用的机床、刀具、量具等。

其次是根据设计任务收集有关资料，如机床的技术参数，夹具零部件的国家标准、部颁标准和厂订标准，各类夹具图册、夹具设计手册等，还可收集一些同类夹具的设计图样，并了解该厂的工装制造水平，以供参考。

2）拟订夹具结构方案与绘制夹具草图。

① 确定工件的定位方案，设计定位装置。

② 确定工件的夹紧方案，设计夹紧装置。

③ 确定对刀或导向方案，设计对刀或导向装置。

④ 确定夹具与机床的连接方式，设计连接元件及安装基面。

⑤ 确定和设计其他装置及元件的结构形式。如分度装置、预定位装置及吊装元件等。

⑥ 确定夹具体的结构形式及夹具在机床上的安装方式。

⑦ 绘制夹具草图，并标注尺寸、公差及技术要求。

2. 进行必要的分析计算

工件的加工精度较高时，应进行工件加工精度分析。有动力装置的夹具，需计算夹紧力。当有几种夹具方案时，可进行经济分析，选用经济效益较高的方案。

3. 审查方案与改进设计

夹具草图画出后，应征求有关人员的意见，并送有关部门审查，然后根据他们的意见对夹具方案作进一步修改。

4. 绘制夹具装配总图

夹具的总装配图应按国家制图标准绘制。绘图比例尽量采用1∶1。主视图按夹具面对操作者的方向绘制。总图应把夹具的工作原理、个种装置的结构及其相互关系表达清楚。

夹具总图绘制次序如下：

1）用双点划线将工件的外形轮廓、定位基面、夹紧表面及加工表面绘制在各个视图的合适位置上。在总图中，工件可看作透明体，不遮挡后面夹具上的线条。

2）依次绘出定位装置、夹紧装置、对刀或导向装置、其他装置、夹具体及连接元件和安装基面。

3）标注必要的尺寸、公差和技术要求。

4）编制夹具明细栏及标题栏。

5. 绘制夹具零件图

夹具中的非标准零件均要画零件图，并按夹具总图的要求，确定零件的尺寸、公差及技术要求。

6. 铣床专用夹具设计

（1）夹具的组成　夹具主要由定位部分、夹紧部分、对刀部分、导向部分、支撑部分和辅助部分组成。

（2）工件定位的基本要求　工件定位要求位置准确。

（3）加工上表面是以下表面为基准进行定位，然后进行夹紧。

（4）工件以平面定位　工件以平面定位时，一个平面上一般最多布置三个支撑点。这种情况通常适用于工件定位面相对工件总尺寸较大，并且被加工表面与该平面有尺寸精度和位置精度要求时。当工件定位面比工件总尺寸狭长，又要求限制一个转动自由度，并且在一个方向上与被加工表面有尺寸和位置精度要求时，往往布置两个支撑点。当工件定位面相对工件总尺寸很小，并且在一个方向上与被加工表面有位置尺寸精度要求时，往往只布置一个定位支撑点。

工件以平面进行定位时，其定位元件有如下四种形式：固定支承、调节支承、浮动支承和辅助支承。

其中，固定支承常有两种：支承钉和支承板。选用工件以平面定位的定位元件时，应注意定位平面的精度。精度越低，则接触面积应越小。因此，以毛基面或粗基面定位时，可采用支承钉；以精基面、特别是以大的精基面定位时，可采用支承板。

（5）拟订定位方案

1）定位方案。根据工件结构特点，其定位方案如下：

① 以中心孔作为定位基准，限制了沿 X、Y、Z 轴的移动，绕 X 轴旋转，绕 Y 轴旋转三个自由度。

② 用一个销钉限制工件的绕 Z 轴旋转的自由度。

通过以上两步，限制了工件的六个自由度，根据“六点定位原理”，此工件在空间的位置唯一确定。

2）定位误差计算。因为工件和夹具定位元件均有制造误差，所以一批工件在夹具中的位置将是变动的，即存在定位误差。一批工件由于在夹具中定位而使得工序基准在沿工序尺寸方向上产生了位移，其可能最大的位移量叫做该工序尺寸的定位误差，用符号 Δd 表示。

产生定位误差的原因有两方面：定位基准与工序基准不重合、定位基准位移。

工件以平面定位时的定位误差主要有：

① 基准位移误差。因为定位元件的形状以及定位元件各表面间的位置精度较高，因此

在计算工件以平面定位的基准位移误差时，通常可以忽略它们的影响。

② 基准不重合误差。可用作图法求出因定位基准与工序基准不重合而引起工序基准在沿工序尺寸方向上的两个极限位置，这两个极限位置间距离之差即为基准不重合误差。或者利用尺寸链原理，求各基准尺寸误差之和，即为基准不重合误差。

总的定位误差应为基准位移误差与基准不重合误差之和。

由于零件是以平面为基准定位，在铣削时会产生直线位移误差。由于误差对铣削平面的影响很小，可忽略不计。

（6）夹紧装置的设计　夹紧装置是夹具的重要组成部分，用于防止工件在切削力、自重及惯性力等作用下产生移动或振动，即保持工件定位后的正确位置。

夹紧装置大体分为动力装置和夹紧机构，夹紧机构又可分为中间机构和夹紧元件。

螺纹夹紧机构由于具有结构简单，制造方便，夹紧行程不受限制，且夹紧可靠等优点。虽夹紧动作缓慢，可采用一些结构提高夹紧速度，因此应用广泛。

螺旋压板夹紧是一种应用最为广泛的夹紧机构，其种类很多，有移动式压板、回转式压板、掀开式压板等等。

（7）对刀装置的设计　在铣床夹具和刨床夹具中通常采用对刀装置，以保证刀具与夹具定位元件间具有正确的相对位置。这种相互间的位置可以采用如下三种方法进行调整：试切工件调整、用已加工好的样件调整、用对刀装置调整。其中以采用对刀装置调整最为方便和迅速。

采用对刀装置时，对刀块的位置应装在刀具切入的一端。对刀块常用 20 钢渗碳淬火，硬度 58～64HRC。塞尺用 T8 钢淬火，硬度 55～60HRC。

所设计的夹具的零件图如图 6-9，此夹具适应大批量生产要求，装夹方便，定位可靠，夹紧力足够，定位误差满足加工精度需要。

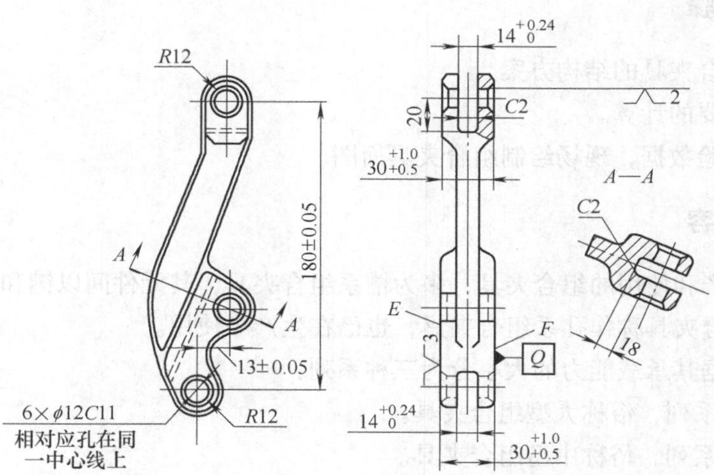

图 6-9　夹具的零件图

（1）零件名称：拉杆臂。

（2）材质：ZG35。

（3）被加工部位：铣削上下端 $14^{+0.24}_{0}$ 槽。

（4）生产纲领：10000 件/月。

6.2.6 思考题

（1）铣床专用夹具为何要有定位键和对刀块？

（2）铣床夹具的夹紧方式有什么特点？为什么？

6.3 组合夹具设计实验

6.3.1 实验目的

（1）了解组合夹具的标准元件和组合件的结构。

（2）了解组合夹具的特点及应用范围。

6.3.2 实验设备及仪器

（1）组合夹具组件一套。

（2）零件。

6.3.3 实验任务

（1）观察组合夹具，了解组合夹具的各种元件及用途。

（2）设计其定位夹紧方案，进行拼装，现场绘制夹具简图。

6.3.4 实验步骤

（1）构思组合夹具的结构方案。

（2）进行必要的计算。

（3）记录实验数据，现场绘制组合夹具简图。

6.3.5 实验内容

我国目前生产和使用的组合夹具，多为槽系组合夹具，其元件间以键和键槽定位。用孔和圆销定位的组合夹具称作孔系组合夹具，也已在生产中使用。

组合夹具根据其承载能力的大小分为三种系列：

1）16mm 槽系列，俗称大型组合夹具。

2）12mm 槽系列，俗称中型组合夹具。

3）8mm、6mm 槽系列，俗称小型组合夹具。

其划分的依据主要是连接螺栓的直径、定位键槽尺寸及支承件界面尺寸。组合夹具的分类编号原则和标记方法，按照原机械工业部标准（JB/T2814—1979），规定如下：

元件分类编号以分数形式表示。

分子表示元件的型、类、组、品种，称之为“分类编号”。元件分大、中、小三个类型，用汉语拼音大、中、小三字的字头表示：D——大（Dà）型组合夹具元件，即 16mm 槽系列组合夹具元件；Z——中（Zhōng）型组合夹具元件，即 12mm 槽系列组合夹具元件；X——小（Xiǎo）型组合夹具元件，即 8mm 或 6mm 槽系列组合夹具元件。

元件的类、组、品种各用一位数字表示。第一位数字表示元件的“类”，按元件的用途划分，用数字 1 ~ 9 表示。其中，1 为基础件；2 为支承件；3 为定位件；4 为导向件；5 为压紧件；6 为紧固件；7 为其他件；8 为合件；9 为组装用工具和辅具。第二位数字表示元件类中的“组”，按元件的用途划分，用数字 0 ~ 9 表示。第三位数字表示“组”中的“品种”，按元件的结构特征划分，用数字 0 ~ 9 表示。

分母表示元件的规格特征尺寸，一般用 L × B × H 表示规格。

本实验以加工工艺比较典型的连杆零件为例，进行组合夹具的组装实验。

连杆加工工序及要求如下：

1. 铣连杆体结合面

技术要求：

（1）铣连杆体结合面至小头孔中心距离为 $148.49^{+0.30}_{+0.20}$。

（2）定位基面：连杆端面，小头孔 $\phi38.8 \pm 0.02$mm，工艺凸台。

（3）机床：立式铣床。连杆体加工工序图如图 6-10 所示。

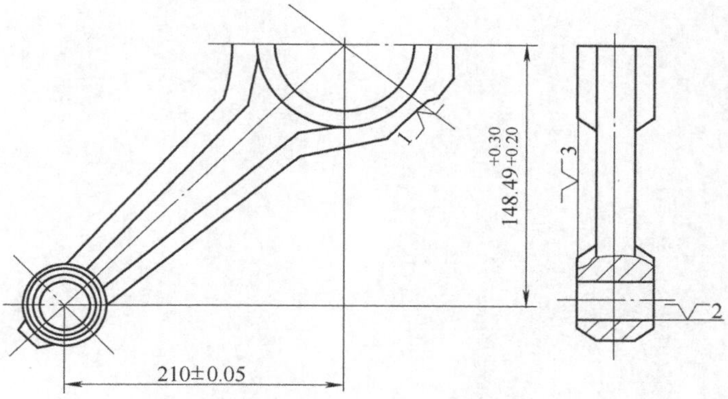

图 6-10　连杆体加工工序图

2. 钻连杆体连接定位孔

技术要求：

（1）钻定位孔 $2 \times \phi15.5$mm，保证两孔中心距为 90 ± 0.1mm。

（2）定位基面：连杆端面，小头孔，$\phi38.8 \pm 0.02$mm。

（3）机床：立式钻床。

3. 精镗大头孔

技术要求：

（1）精镗大头孔至 $\phi70$mm，保证大小孔中心距为 210 ± 0.05mm。

（2）定位基面：连杆大头端面，小头孔 ϕ39mm，工艺凸台。

（3）机床：卧式镗床。

6.3.6 思考题

（1）总结组合夹具与专用夹具的相同点和不同点。

（2）分析组合夹具组装与六点定位原理的关系。

实验报告12　车床夹具认知实验

实验名称________________________________

实验日期________________________________

班级________________________________

姓名________________________________

同组人________________________________

成绩________________________________

一、实验目的。

二、实验设备及仪器型号。

三、画出车削中心主运动和进给运动的草图。

四、说明几种车削中心标牌型号的含义。

五、说明车削中心的典型工序。

六、思考题。

实验报告 13　组合夹具设计实验

实验名称______________________________

实验日期______________________________

班级______________________________

姓名______________________________

同组人______________________________

成绩______________________________

一、实验目的。

二、实验设备及仪器型号。

三、现场绘制组合夹具的简图。

四、思考题。

实验报告 14　铣床夹具认知与设计实验

实验名称________________

实验日期________________

班级________________

姓名________________

同组人________________

成绩________________

一、实验目的。

二、实验设备及仪器型号。

三、画出工件的安装简图。

四、对工件进行定位原理分析，画出定位原理图。

五、思考题。

第7章 机械加工精度

7.1 加工误差统计分析实验

7.1.1 实验目的：

（1）掌握加工精度统计分析的基本方法。

（2）通过对测的数据进行处理分析，判断该工序能否保证加工精度，有无废品，找出产生加工误差的原因。

7.1.2 实验设备及仪器：

（1）M224半自动内圆磨床。

（2）千分表，内径表杆，卡尺。

7.1.3 实验任务

（1）记录按加工顺序测量得到的试件直径数据。

（2）绘制点图、分布曲线图。

（3）分析工艺过程的稳定性。

7.1.4 实验步骤

（1）对试件进行编号。

（2）按试件的基本尺寸选用块规。

（3）用块规调整比较仪。

（4）测量零件的尺寸并将数据记入实验报告。

（5）清理实验现场，收拾所用仪器、量具、工具等。

（6）整理实验数据，绘图。

7.1.5 实验内容

在机械加工中，应用数理统计方法对加工误差（或其他质量指标）进行分析，是进行过程控制的一种有效方法，也是实施全面质量管理的一个重要方面。其基本原理是利用加工误差的统计特性，对测量数据进行处理，做出分布图和点图，对加工误差的性质、工序能力及工艺稳定性等进行识别和判断，进而对加工误差做出综合分析。

1. 直方图和分布曲线绘制

1）初选分组数 k。一般应根据样本容量来选择，参见下表。

样本容量 n	25 ~ 40	40 ~ 60	60 ~ 100
分组数 k	6	7	8

2）确定组距 d。找出样本数据的最大值 X_{max} 和最小值 X_{min}，并按下式计算组距：

$$d = \frac{R}{k-1} = \frac{X_{max} - X_{min}}{k-1}$$

式中，k 为分组数，按表选取；X_{max} 和 X_{min} 为本组样本数据的最大值和最小值。

选取与计算的 d 值相近且为测量值尾数整倍数的数值为组距。

3）确定组界。各组组界为：$X_{min} + (i-1)d \pm \dfrac{d}{2}$　$(i = 1, 2, \cdots, k)$，为避免样本数据落在组界上，组界最好选在样本数据最后一位尾数的 1/2 处。

4）统计各组频数。频数，即落在各组组界范围内的样本个数。

5）画直方图。以样本数据值（被测工件尺寸）为横坐标，标出各组组界；以各组频数为纵坐标，画出直方图。

6）计算总体平均值与标准差

平均值的计算公式为　$$\overline{X} = \frac{1}{n}\sum_{i=1}^{n} X_i$$

式中，X_i 为第 i 个样本的测量值；n 为样本容量。

标准差的计算公式为　$$s = \sqrt{\frac{1}{n-1}\sum_{i=1}^{n}(X_i - \overline{X})^2}$$

7）画分布曲线。若研究的质量指标是尺寸误差，且工艺过程稳定，则误差分布曲线接近正态分布曲线；若研究的质量指标是几何误差或其他误差，则应根据实际情况确定其分布曲线。画出分布曲线，注意使分布曲线与直方图协调一致。

8）画公差带。按照与以上分布曲线相同的坐标原点，在横轴下方画出被测零件的公差带，以便与分布曲线相比较。

2. $\overline{X}-R$ 图绘制

1）确定样组容量，对样本进行分组。样组容量一般取 $m = 2 \sim 10$ 件，通常取 4 或 5，即对试件尺寸依次按每 4 ~ 5 个一组进行分组，将样本划分成若干个样组。

2）计算各样组的平均值和极差。对于第 i 个样组，其平均值和极差计算公式为

$$\overline{X}_i = \frac{1}{m}\sum_{j=1}^{m} X_{ij}, \quad R_i = X_{imax} - X_{imin}$$

式中，$\overline{X}_i$ 为第 i 个样组的平均值；R_i 为第 i 个样组的标准差；X_{ij} 为第 i 个样组第 j 个试样的测量值；X_{imax} 为第 i 个样组数据的最大值；X_{imin} 为第 i 个样组数据的最小值。

3）计算 $\overline{X}-R$ 图的控制线。$\overline{X}-R$ 图的控制线分以下几种。

① 样组平均值 $\overline{X}$ 图的中线为 $\overline{\overline{X}} = \dfrac{1}{k_m}\sum\limits_{i=1}^{k_m}\overline{X}_i$，样组平均值 R 图的中线为 $\overline{R} = \dfrac{1}{k_m}\sum\limits_{i=1}^{k_m}\overline{R}_i$。

② 样组平均值 $\overline{X}$ 图的上控制线为 $\overline{X}_U = \overline{\overline{X}} + A_2\overline{R}$，样组平均值 R 图的上控制线

为$R_U = D_1\overline{R}$。

③ 样组平均值 $\overline{X}$ 图的下控制线为 $\overline{X}_L = \overline{\overline{X}} + A_2\overline{R}$，样组平均值 R 图的下控制线为$R_L = D_2\overline{R}$。

其中，A_2、D_1、D_2 为常数，见表 7-1；k_m 为样组个数。

表 7-1　A_2、D_1、D_2 常数值

m/件	A_2	D_1	D_2
4	0.7285	2.2819	0
5	0.5768	2.1145	0
6	0.4833	2.0039	0

4）绘制 $\overline{X}-R$ 图。以组序号为横坐标，分别以各样组的平均值 $\overline{X}$ 和极差 R 为纵坐标，画出 $\overline{X}-R$ 图，并在图上标出中线和上、下控制线。

3. 工序能力系数计算

工序能力系数 C_p 按下式计算：$C_p = \dfrac{T}{6\sigma}$。

根据工艺能力系数 C_p 的大小，可将工艺分成 5 个等级。

1）$C_p > 1.67$，为特级，说明工艺能力过高，不一定经济。

2）$1.67 \geqslant C_p > 1.33$，为一级，说明工艺能力足够，可以允许一定的波动。

3）$1.33 \geqslant C_p > 1.00$，为二级，说明工艺能力勉强，必须密切注意。

4）$1.00 \geqslant C_p > 0.67$，为三级，说明工艺能力不足，可能会出现少量不合格品。

5）$C_p \leqslant 0.67$，为四级，说明工艺能力不行，必须加以改进。

一般情况下，工艺能力不应低于二级。

4. 判别工艺过程稳定性

所谓工艺过程的稳定，从数理统计的原理来说，一个过程（工序）的质量参数的总体分布，其平均值 $\overline{X}$ 和均方根差 σ 在整个过程（工序）中若能保持不变，则工艺过程是最稳定的。

在点图上作出平均线和控制线后，就可按表 7-2 所列出的标准进行判断。

表 7-2　工艺过程判断标准

正常波动	异常波动
1. 没有点超出控制线 2. 大部分点分布在平均线附近，小部分点分布在控制线附近 3. 点的分布没有明显的规律	1. 有点超出控制线 2. 点集中在平均线附近 3. 点集中在控制线附近 4. 连续 7 个点以上出现在平均线一侧 5. 连续 11 个点中有 10 个点以上出现在平均线一侧 6. 连续 14 个点中有 12 个点以上出现在平均线一侧 7. 连续 17 个点中有 14 个点以上出现在平均线一侧 8. 连续 20 个点中有 16 个点以上出现在平均线一侧 9. 点的分布呈上升或下降的趋势 10. 点的分布呈周期性

注意，同时满足表 7-2 左列 3 个条件，工艺过程稳定；表 7-2 右列条件之一不满足，即

表示工艺过程不稳定。

7.1.6 思考题

（1）分布曲线主要说明什么问题，在什么情况下分布曲线接近于正态曲线？

（2）分析工艺过程稳定（或不稳定）的原因。

7.2 CA6140 车床几何精度检测实验

7.2.1 实验目的

（1）掌握机床几何精度的检验方法。

（2）分析机床几何精度对加工零件精度的影响。

7.2.2 实验设备及仪器

（1）CA6140 车床。

（2）千分表。

7.2.3 实验任务

（1）检验溜板移动在垂直平面内的直线度误差。

（2）检验溜板移动时的倾斜度误差。

（3）主轴锥孔中心线的径向跳动。

（4）溜板移动对主轴中心线的平行度。

（5）主轴轴肩支承面的跳动。

（6）主轴的轴向窜动。

（7）主轴定心轴颈的径向跳动。

（8）主轴锥孔中心线和尾座顶尖套锥孔中心线对溜板移动的不等高度。

7.2.4 实验内容

1. 检验溜板移动在垂直平面内的直线度误差

摇动手柄，将刀架向顶头中心线移动。在溜板上靠近刀架的地方放一个与床身导轨平行的读数仪，画出溜板的运动曲线。

在每一米行程上的运动曲线和它的两端点连接间的最大坐标值，就是 1m 行程上的直线度误差。在全部行程上的直线度误差。

2. 检验溜板移动时的倾斜度误差

摇动手柄，将刀架向顶尖中心线移动。在溜板上靠近刀架的地方垂直于床身导轨放一个水平仪。移动溜板，每隔 250mm（或 <250mm）记录一次读数，在溜板的全部行程上检验。

水平仪在每 1m 行程上读数的最大代数差值，就是溜板在移动时的倾斜度误差。

3. 主轴锥孔中心线的径向跳动

在主轴锥孔中紧密地插入一根检验棒，将千分表固定在机床上，使千分表测头触及在检验棒表面上，旋转主轴分别在靠近主轴端部的 a 处、距 a 处 300mm（或 150mm）处检验径向跳动。

然后，将检验棒从锥孔中取出，使检验棒旋转 180°后，再插入，按上述方法再进行一次检验。

a、b 两点的误差分别计算，千分表两次测量读数的代数和的一半，就是径向跳动的数值。

4. 溜板移动对主轴中心线的平行度

在主轴的锥孔中紧密地插入一根检验棒，将千分表固定在溜板上，使千分表测头顶在检验棒的表面，移动溜板分别在 a 上母线和 b 侧母线上检验。a、b 的测量结果分别以千分表读数的最大差值表示。

然后，将主轴旋转 180°再同样检验一次。

a、b 的误差分别计算，两次测量结果的代数和的一半就是平行度误差。

5. 主轴轴肩支承面的跳动

将千分表固定在机床上，使千分表测头触及在主轴轴肩支承面靠边缘的地方，旋转主轴，分别在相距 180°的 a 点和 b 点检验记下两处千分表的读数，其差值就是支承面跳动的数值。

6. 主轴的轴向窜动

在主轴锥孔中紧密地插入一根短检验棒，将千分表固定在机床上，使千分表测头触及在检验棒的端面靠近中心线的地方，旋动主轴检查。

千分表读数的最大差值，就是轴向窜动的数值。

7. 主轴定心轴颈的径向跳动

将千分表固定在机床上，使千分表测头触及在主轴定心轴颈的表面上。

旋转主轴检验，千分表读数的最大差值，就是径向跳动的数值。

8. 主轴锥孔中心线和尾座顶尖套锥孔中心线对溜板移动的不等高度。

用顶尖将检验棒安装在机床上，将千分表固定在溜板刀架上，千分表测头轴线垂直于检验棒轴线，千分表测头触及检验棒上母线移动溜板，分别在主轴端和尾座顶尖端各测一次，其千分表读数差值为不等高度。

7.2.5 思考题

（1）影响主轴锥孔中心线径向跳动的因素是什么？

（2）为什么溜板移动时，只允许中间凸起？

实验报告 15　加工误差统计分析实验

实验名称____________________

实验日期____________________

班级____________________

姓名____________________

同组人____________________

成绩____________________

一、实验目的。

二、实验设备及仪器型号。

三、实验数据记录及处理。

四、思考题。

实验报告 16　CA6140 车床几何精度检测实验

实验名称____________________

实验日期____________________

班级____________________

姓名____________________

同组人____________________

成绩____________________

一、实验目的。

二、实验设备及仪器型号。

三、实验数据。

四、思考题。

第 8 章　装配工艺

8.1　机床静刚度实验

8.1.1　实验目的

（1）了解和掌握机床刚度的测定方法——静载法。

（2）比较机床各部件刚度的大小，分析影响机床刚度的各个因素。

8.1.2　实验设备及仪器

（1）C6140H 车床。

（2）ES－03A 标准测力仪。

8.1.3　实验任务

（1）记录实验数据。

（2）计算机床刚度。

（3）绘制刚度曲线。

8.1.4　实验步骤

（1）安装测力仪和千分表。

（2）加载并整理数据。

（3）绘制刚度曲线。

8.1.5　实验内容

机械加工时，机床的有关部件、夹具、刀具和工件在切削力的作用下，都会产生不同程度的变形，导致切削刃和加工表面在 Y 方向的相对位置发生变化，产生加工误差。工艺系统在力 F_y 作用下的总位移 $y_{系统}$ 是各个组成部分位移 $y_{系统}$、$y_{机床}$、$y_{夹具}$、$y_{工件}$ 的叠加，其中 k 为刚度，即

$$y_{系统} = y_{机床} + y_{夹具} + y_{刀具} + y_{工件}$$

$$k_{系统} = F_y / y_{系统}$$

$$k_{机床} = F_y / y_{机床}$$

$$k_{夹具} = F_y / y_{夹具}$$

$$k_{刀具} = F_y / y_{刀具}$$

$k_{工件}=F_y/y_{工件}$

所以机床综合刚度：

$$k_{系统}=1/(1/k_{机床}+1/k_{夹具}+1/k_{刀具}+1/k_{工件})$$

实验步骤如下：

1）按图 8-1 所示安装测力仪和千分表，注意千分表的表头要在工件的中心轴线上。

2）先预加一定的载荷消除接触面间隙，各表调零。

3）旋转加力螺钉，开始施加载荷，每 20kg 加一次，间隔时间为 2～3min，并记下各表的读数，依次加 40，60，……，200kg；

4）加载到 200kg 后，开始卸载，从 200kg 卸载至 180kg 并记下各表的计数，再依次卸载至 160、140、120、……、20、0kg，间隔时间为 2～3min，同时记录各表的读数。

按照上述方法重复加载三次，取平均值绘制曲线图。

5）卸下各仪表及工具，擦拭处理。

填写加载、卸载记录于表 8-1。

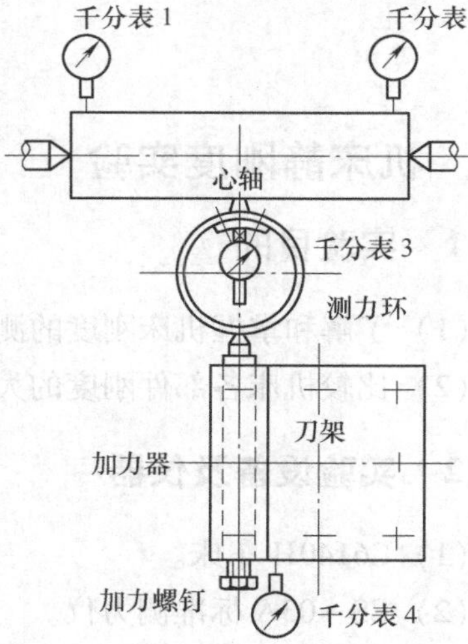

图 8-1　改变进给单因素切削力实验界面

表 8-1　实验记录表

载荷/kg	刻度显示/μm	床头/μm						刀架/μm						尾架/μm					
		第一次		第二次		第三次		第一次		第二次		第三次		第一次		第二次		第三次	
		加载	卸载	加载	卸载	加载	卸载	加载	卸载	加载	卸载	加载	卸载	加载	卸载	加载	卸载	加载	卸载
0	1.00																		
20	1.54																		
40	2.08																		
60	2.62																		
80	3.16																		
100	3.70																		
120	4.24																		
140	4.78																		
160	5.32																		
180	5.86																		
200	6.40																		

计算车床平均静刚度：$K_{床头}=$ ；$K_{尾座}=$ ；$K_{刀架}=$ ；$K_{系统}=$ 。

以变形 Y 为横坐标，载荷 P_y 为纵坐标，画出车床各部件（床头、尾座和刀架）的刚度曲线图。

8.1.6 思考题

（1）加载曲线和卸载曲线是否重合，如果不重合请说明原因。

（2）车床前后顶尖的刚度大小不相等时，会对工件加工造成什么样的形状误差？

8.2 加工中心主轴误差测试实验

8.2.1 实验目的

（1）熟悉机床主轴回转精度测量分析实验仪器的结构。

（2）掌握机床主轴回转精度测量分析软件的使用方法。

8.2.2 实验设备及仪器

（1）VMC600 加工中心。

（2）机床主轴回转精度测量分析实验仪器。

8.2.3 实验任务

（1）掌握系统结构图。

（2）测试机床主轴回转精度。

8.2.4 实验步骤

（1）根据系统结构图安装传感器和千分表。

（2）起动 VMC600 加工中心，让主轴旋转。

（3）将相关数据记入实验报告。

8.2.5 实验内容

1. 机床主轴回转精度

机床主轴回转精度反映主轴回转时轴心线在空间所产生的运动误差。如果该项误差为零，意味着主轴回转时，轴心线保持稳定不动。显然，对于车床来说，主轴若能达到这种状态，就能车削加工出理想的圆截面形状。但实际上由于主轴轴承滚珠、滚道存在形状误差，以及主轴装配在轴承中所出现的装配调整误差，主轴在回转时的轴心线必然会出现或多或少的微小晃动，从而构成主轴回转的误差。由于该误差不可避免，加工过程中，将使工件截面轮廓出现形状误差，如椭圆度、棱圆度、波纹度等。

机床主轴回转精度的测试方法有静态测试法、动态测试法和在线误差补偿检测法。

静态测试法是在机床主轴处于静止不动的状态下测出的主轴回转精度；动态测试法则是

在主轴处于旋转状态下，动态测试出主轴回转精度；在线误差补偿检测法是在机床主轴处于切削状态下，将检测结果直接用于控制切削补偿量，以提高机床加工精度。其中在线误差补偿检测法最为复杂，为了分离测量断面的形状误差和主轴的运动误差，需要安装和调试多个传感器，故此方法在现场检测时很少采用，往往集成到机床内部作为系统闭环控制的反馈检测环节。静态测量法虽然简单可行，但是不能反映主轴在工作转速下的回转误差，也不能把性质不同的误差分开，所以现在已经很少使用。动态测试法则是比较折中的方法，它往往采用一个基准球作为测试基准，可以忽略测试断面的形状误差而只需测量系统的运动误差，通过安装 1 ~2 个传感器，就可以得到机床主轴的回转精度，以方便进行机床性能评估和加工误差的预测。

本实验针对车床主轴的回转精度检测，采用动态测试法，只需要一个传感器，就可以得到其敏感方向的误差。具体测试和分析方法如下：

1）机床主轴的转速测试。机床起动后，以固定的频率采集整数圈数据，通过采集的点数除以固定频率，即可求出采样时间，此时圈数除以采集时间就可以算出转速。

2）机床主轴的回转精度测试。机床起动后，先测出转速，然后通过转速设定一个合适的采样频率，如每转的采样数据量为1800 点，采样 10 圈数据，然后通过最小二乘法求得圆心，最后计算出最大圆和最小圆来求得圆度值。圆度公差带是垂直于轴的任一正截面上半径差为公差值 t 的两同心圆之间的区域，如图 8-2 所示，在垂直于轴的任一正截面上，实际轮廓线必须位于半径差为 0.02mm 的两同心圆内。

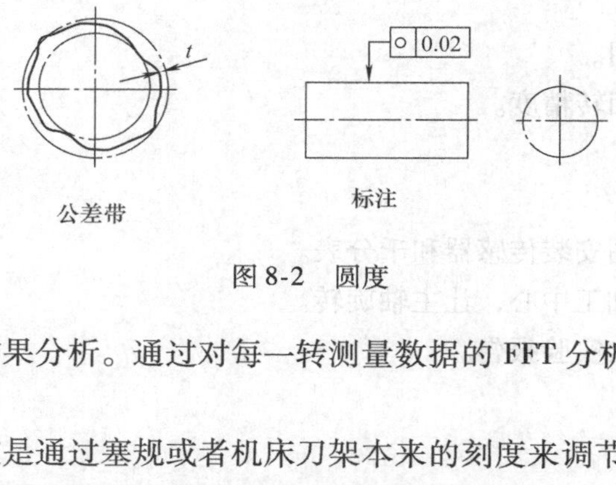

图 8-2　圆度

3）回转精度测试结果分析。通过对每一转测量数据的 FFT 分析，可以看出机床主轴轴线的跳动频率。

4）系统标定。标定是通过塞规或者机床刀架本来的刻度来调节和确定涡流传感器与标准球之间的距离，通过软件的标定过程来确定系统的分辨率。

2. 机床主轴回转精度测量分析实验仪器的结构

实验仪器由模拟工件、传感器及相应的夹具、调理电路板、数据采集卡和计算机等几大部分组成。传感器拾取振动信号，首先将采集到的振动信号经过调理电路放大、滤波，送给数据采集板进行 A/D 转换和 USB 数据传输处理，然后传输给计算机。系统结构如图 8-3所示。

3. 传感器的安装

（1）涡流传感器的安装　涡流传感器安装在特制的支架上，使涡流传感器对准标准芯轴轴心线，尽量在垂直主轴轴心线且过球心的水平面上，并保证涡流传感器的感应端端面距

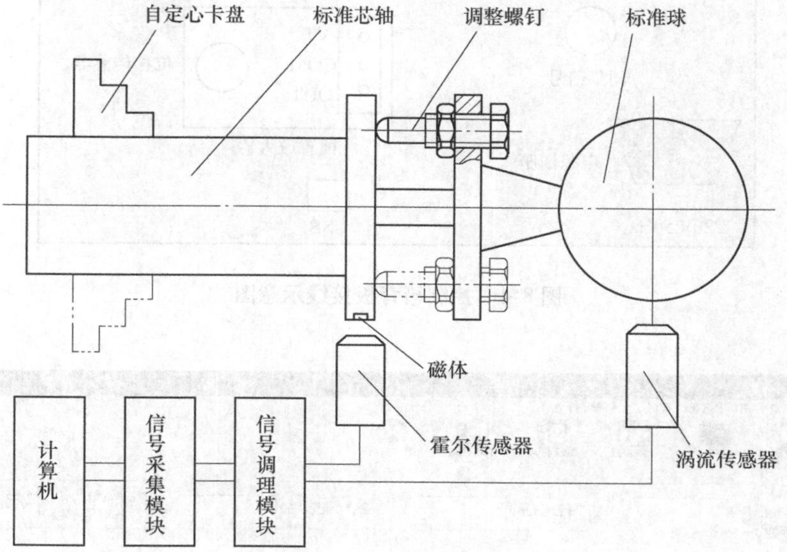

图8-3　系统结构图

离标准球最近的位置为0.7mm，然后将涡流传感器的信号线接至控制箱的前置放大器。

（2）霍尔接近开关的安装　霍尔接近开关安装在特制的支架上，使接近开关工作端面对准标准芯轴直径最大的圆盘。永久磁铁（ϕ（4～8）mm，厚度为1～5mm）安放在标准芯轴直径最大圆盘的圆周上，其位置应使接近开关的端面与磁铁正对并保持约2～3mm的距离。然后将霍尔接近开关信号线牵引到控制箱的同步信号插座（3芯航空插座）上。在粘磁铁之前一定要事先测试磁极方向（N或S）是否正确，在控制箱通电的情况下，将磁铁某一面与接近开关工作端面对正并保持约2～3mm的距离，如果此时接近开关上的发光二极管亮了，说明磁铁和接近开关的相对关系是正确的，磁铁相反的那一面应当用胶粘在主轴三爪上；反之如果上面的发光二极管不亮，则需将磁铁翻转180°。

（3）控制箱背板的连接　如图8-4所示，把涡流位移传感器安装在车床刀架上，中心线垂直对准模拟主轴的中心，测量主轴的回转跳动量，另一端接在控制箱位移传感器的前置放大器上，再用USB数据线连接计算机和控制箱的USB端口。霍尔接近开关的信号线连到同步信号插座，交流220V电源接到电源插座。

4. 机床主轴回转精度测量分析软件的使用

打开电控柜后，打开插线板上的开关，再打开控制箱的电源开关，最后打开工控机的计算机电源，进入机床主轴回转精度测试系统。

系统起动后将自动弹出机床主轴回转精度测试分析软件的主界面，如图8-5所示。

主界面中的各项功能介绍：

（1）主界面显示　该界面分为瞬时值显示区、圆坐标显示区、单圈测试结果显示区和按钮区。

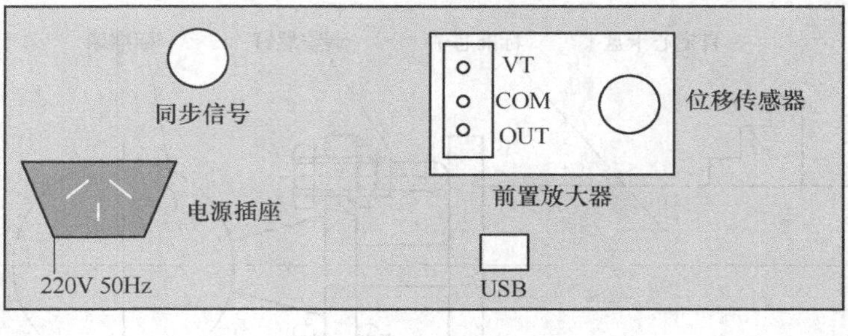

图 8-4　控制箱背板接线示意图

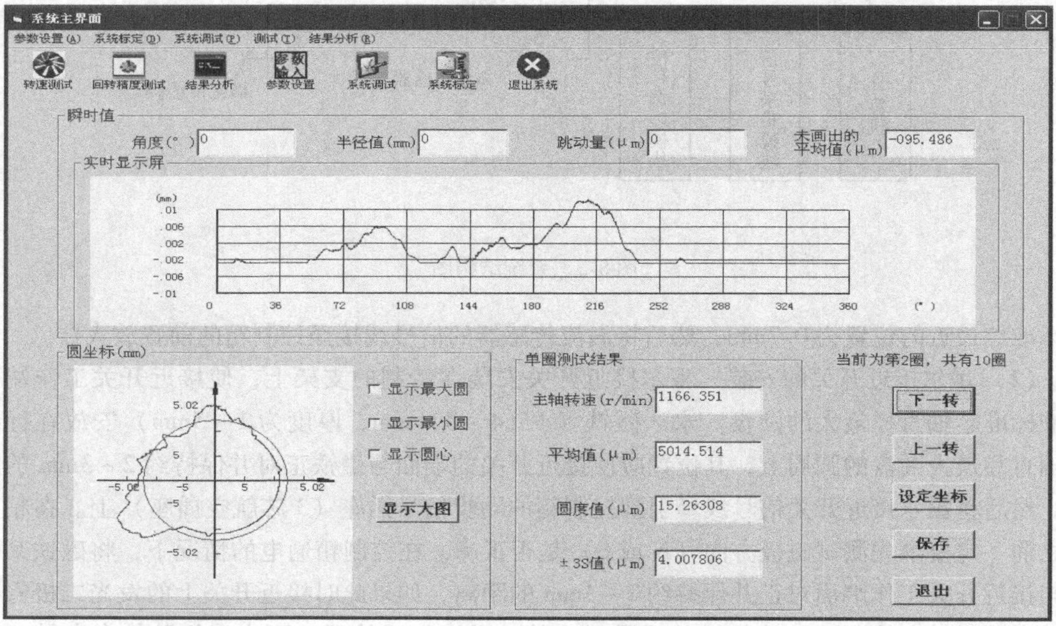

图 8-5　软件主界面

1）瞬时值显示区用于显示在转速测试或者回转精度测试后的每转采集结果。

2）圆坐标显示区用于回转精度测试后的每转采集数据的圆坐标显示。可以通过选择右边的多选框来选择显示相应的信息。为了将结果更加清晰地呈现在用户面前以供分析，在该区加入了大图的显示功能，如图 8-6 所示。

3）单圈测试结果显示区是用于在转速测试或者回转精度测试后的每转采集数据的分析结果。

4）按钮区中共有 5 个按钮，分别介绍如下：

①［下一转］和［上一转］。所有显示区均只显示一圈结果，通过这两个按钮来查看各转的不同情况。

②［设定坐标］。通过采集的情况可以实时调整坐标刻度，以适应信号的变化，如图 8-7所示。

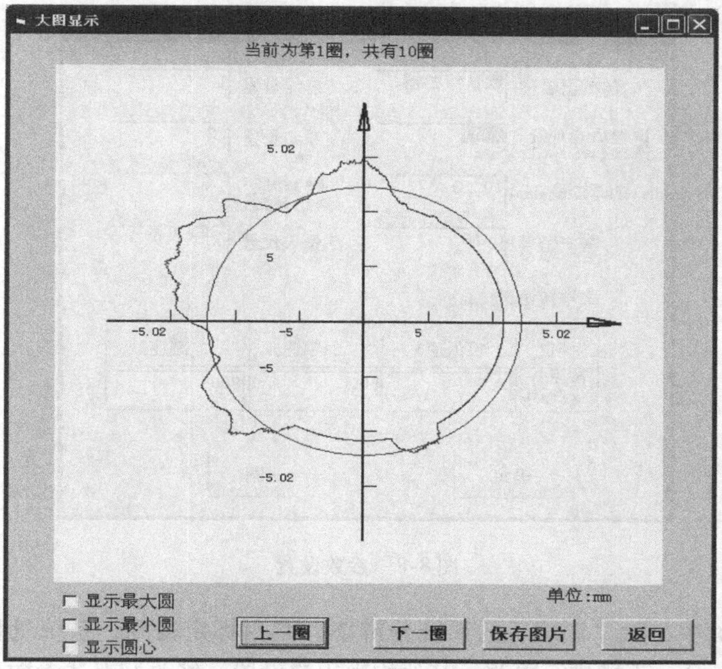

图 8-6 大图显示

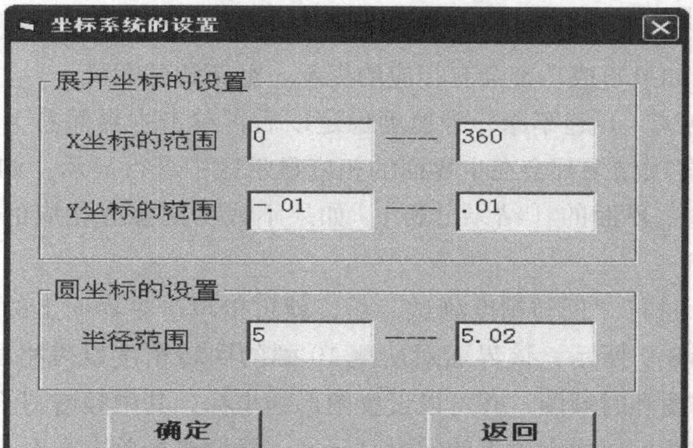

图 8-7 坐标系统的设置

③［保存］。该按钮会将该界面的图形包括实时显示屏图形和圆坐标图形保存到程序所在目录的 temp 文件夹中，分别以“picTime”和“picCircle”加圈数的命名法则命名，例如“picTime9. bmp”和“picCircle6. bmp”。

（2）参数设置 单击主界面上的［参数设置］按钮进入参数设置对话框（图 8-8）。

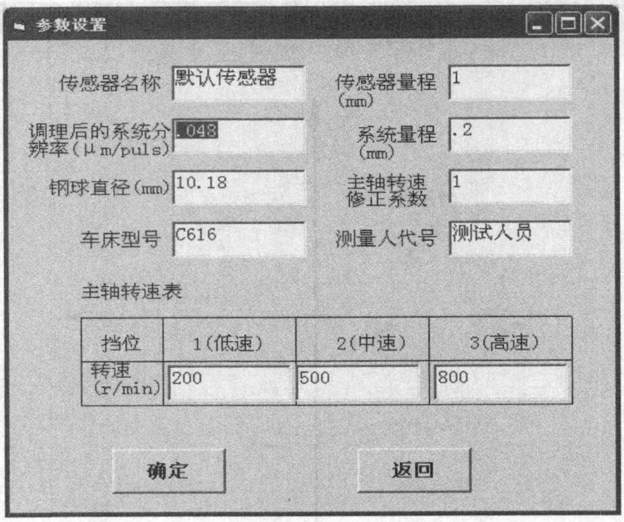

图 8-8　参数设置

参数设置界面中，除“调理后的系统分辨率”是由标定得到，系统量程是在出厂后就设定的（为 0.2mm），不能进行更改，其他均由用户设置。修改好上述参数后需要单击［确定］按钮，以保存设置，再单击［返回］按钮回到主界面。

（3）转速测试　开起车床，等速度稳定以后再单击主界面右上方的［转速测试］。测试完成后，转速将会显示在主界面的［单圈测试结果］显示区中，实时显示区可以查看测试过程中的每圈数据。如果不成功则会有相应的提示，重新测试即可。

（4）回转精度测试　开起车床，等速度稳定以后再单击主界面右上方的［回转精度测试］。测试完成后，各项结果都会在主界面的相应显示区中进行显示，如果要查看频谱分析和综合结果，请单击主界面的［结果分析］。如果不成功则会有相应的提示，再重新测试即可。

（5）结果分析　进行“回转精度测试”后，就可以单击主界面上的［结果分析］进入结果分析界面。如图 8-9 所示，该界面对所测 10 圈的回转精度以表格的方式进行了显示，可以查看每圈的频谱图和时域图，并可以设置图形的坐标，其中频谱图给出了该圈最大的频谱值及其位置，时域图可以像主界面的实时显示区一样用鼠标单击查看，包括角度、半径和跳动量。

该界面提供了时域图和频谱图的保存功能，可以将 10 圈的所有时域图和频谱图保存到程序所在目录的 temp 文件夹中，分别以“picRTime”和“picFreq”加上圈数序号命名，例如：picRTime8. bmp，picFreq3. bmp。

该界面提供了打印功能，打印内容包括 10 圈的测试结果表格，每一圈的坐标图、时域图和频谱图。另外，如果没有打印机可以将结果通过虚拟打印机输出成文档。

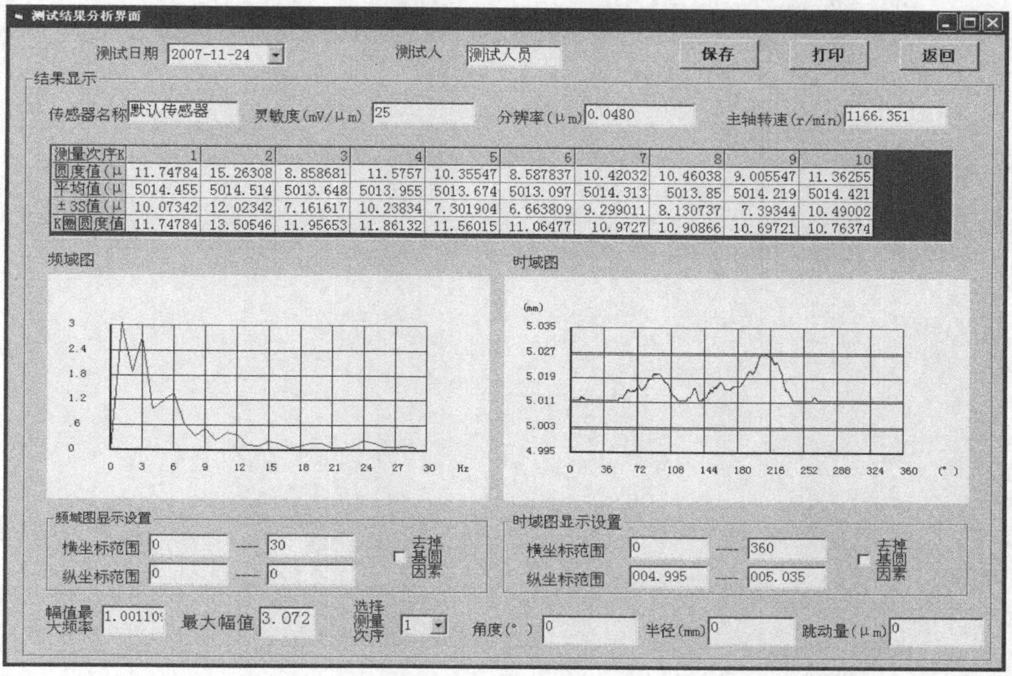

图8-9　测试结果分析界面

8.2.6　思考题

（1）什么是主轴的回转精度？

（2）简述涡流传感器和霍尔传感器在测试中的作用。

实验报告17 机床静刚度实验

实验名称________________________________
实验日期________________________________
班级__________________________________
姓名__________________________________
同组人________________________________
成绩__________________________________

一、实验目的。

二、实验设备及仪器型号。

三、实验数据。

四、思考题。

实验报告18 加工中心主轴误差测试实验

实验名称____________________

实验日期____________________

班级____________________

姓名____________________

同组人____________________

成绩____________________

一、实验目的。

二、实验设备及仪器型号。

三、画出机床主轴回转精度测量分析实验仪器的系统结构图。

四、实验数据记录及分析。

五、思考题。

第9章　其他综合性实验

9.1　切削温度测量实验

9.1.1　实验目的

（1）掌握用自然热电偶法测量切削区平均温度的方法。

（2）研究车削时，切削热和切削温度的变化规律及切削用量（包括切削速度、进给量 f、切削深度 a_p）对切削温度的影响。

9.1.2　实验设备及仪器

（1）CA6140 型普通车床。

（2）VJ37 型直流电位差计（或毫伏表）。

9.1.3　实验任务

（1）掌握热电偶测量温度的基本原理。

（2）探讨切削用量各要素对切削温度的影响。

9.1.4　实验步骤

（1）安装试件、刀具，连接线路。

（2）改变切削用量各要素进行切削。

（3）记录测试温度。

9.1.5　实验内容

用热电偶测量温度的基本原理是：当两种化学成分不同的金属材料，组成闭合回路时，如果在这两种金属的两个接点上存在温度差（通常温度高的一端称为热端，温度低的一端称为冷端），在电路上就产生热电势，实验证明，在一定的温度范围内，该热电势与温度具有某种线性关系。

热电偶的特性是：

1）任何两种不同金属都可配制成热电偶。

2）任何两种均质导体组成的热电偶，其热电势的大小仅与热电极的材料和两接点的温度 T、T_0 有关，而与热电偶的几何形状及尺寸无关。

3）当热电偶冷端温度保持一定，即 $T_0 = C$ 时，热电势仅是热端温度 T 的单值函数，$E = f(t)$，这样，热电偶测量端的温度与热电势就建立了一一对应关系。

用自然热电偶法测量切削温度时，是利用刀具与工件化学成分的不同而组成热电偶的两极（刀具和工件均与机床绝缘，以消除对热电偶两极的影响），切削时，工件与刀具接触区的温度升高后，就形成热电偶的热端，而工件通过同材料的细棒或切屑再与导体连接形成一冷端，刀具由导线引出形成另一冷端，如在冷端处接入电位差计，即可测得热电势的大小，通过热电势—温度的换算，反映出刀具与工件接触处的平均温度。

为了将测得的切削温度毫伏值换算成温度值，必须事先对实验用的自然热电偶进行标定，绘出热电势——温度的关系曲线，标定时取两根与刀具及工件材料完全相同的金属丝，在其一端进行焊接，组成一对被校热电偶，然后将被校热电偶与标准热电偶放入加热炉内的同一位置处，以保证两个热电偶的热端温度相同，与此同时，将两个热电偶的冷端，插入到有冰块的容器中，以保持冷端恒温0℃，冷端的引出导线分别接入标准电位计及毫伏计上，当炉温升高时，通过电位计，由标准热电偶的热电势得出标准温度值，而自然热电偶的热电势则通过毫伏计读出毫伏值。炉温从室温升至350℃，每间隔50℃读出对应的毫伏值，画成关系曲线，即为所求的热电势—温度的标定曲线。

标定曲线是换算温度的依据，它的准确程度与热电偶的材质，引出导线的材质、直径、连接形式，炉温，冷端温度以及测试仪表的校正有很大关系。

实验步骤如下：

1. 安装试件、刀具、接好线路。

2. 进行切削用量各要素对切削温度影响的实验。

（1）确定试验指标和试验因素。

1）试验指标。切削温度。

2）试验因素。切削速度 v、切削深度 a_p、进给量 f。

（2）确定各因素水平，列出因素水平表，见表9-1。

表9-1 因素水平表

因　素	机床转速 n	切削深度 a_p	进给量 f
1水平	$n_1=80$	$a_{p1}=0.5$	$f_1=0.1$
2水平	$n_2=160$	$a_{p2}=1$	$f_2=0.2$
3水平	$n_3=320$	$a_{p3}=1.5$	$f_3=0.3$

注：工件直径 D 为定值。

（3）选用L（3）正交表，得到表9-2，进行试验。

表9-2 切削温度试验结果表

检　号	转速 n	切削深度 a_p	进给量 f	热电势 m	切削温度 θ
1	1（80）	1（0.5）	3（0.5）		
2	2（160）	1（0.5）	1（0.1）		
3	3（320）	1（0.5）	2（0.2）		
4	1（80）	2（1）	2（0.2）		
5	2（160）	2（1）	3（0.3）		

（续）

检 号	转速 n	切削深度 a_p	进给量 f	热电势 m	切削温度 θ
6	3 (320)	2 (1)	1 (0.1)		
7	1 (80)	3 (1.5)	1 (0.1)		
8	2 (160)	3 (1.5)	2 (0.2)		
9	3 (320)	3 (1.5)	3 (0.3)		
Ⅰ					
Ⅱ					
Ⅲ					
R					

注：1. Ⅰ（Ⅱ或Ⅲ）为各因素在1（2或3）水平下所得切削温度 θ 的数据和。
2. R 为Ⅰ、Ⅱ、Ⅲ之间的极差。

9.1.6 思考题

（1）用自然热电偶法测出的温度是哪部分的温度？

（2）为什么要注意工件与刀具的绝缘？

9.2 机床温度场和热变形实验

9.2.1 实验目的

（1）通过实验了解分析机床的热态特性，即受热后温度升高和热变形的情况，以及各热源对加工精度的影响。

（2）熟悉机床温度场和热变形的测试方法。

9.2.2 实验设备及仪器

（1）CA6140 型普通车床。

（2）半导体点温计、千分表。

9.2.3 实验任务

（1）空载下对机床主轴箱主要的热源温升进行测定。

（2）系统达到平衡后，检测机床主轴中心线相对起始位置的最大位移偏差。

9.2.4 实验步骤

（1）将千分表固定于机床溜板上，记录相关初始值。

（2）让主轴以最高转速空车运转，记录数据。

9.2.5 实验内容

机床的温升和热变形是由各种“热源”引起的。工艺系统的热源可以分为两大类：即内部热源和外部热源。其中内部热源包括机床传动件（如电动机、轴承、齿轮副、液压系统、离合器和导轨副等）运转时产生的摩擦热和机床加工工件过程中所产生的切削热（如工件、刀具、切屑和切削液等）；外部热源包括环境温度（如气温、冷热风气流、地基温度等）的变化和各种热辐射（如阳光、暖气设备、人体等）的影响。

但热源的热量本身并不直接产生变形，只有当热源通过热传导、对流和辐射等传热方式（在机床上，传热的主要方式是热传导，而对流和辐射则往往起散热作用）向外传热，使机床各部件温升，形成温度差以后，才会出现热变形现象。

机床在内外热源的影响下，各部分的温度将发生变化。由于热源分布的不均匀和机床结构的复杂性，机床上各部分的温度不是一个恒定的值，在一般情况下，温度是时间和空间的函数。

这种随时间而变的温度场，称之为不稳定温度场。如果机床上各点的温度都不随时间而变，则此温度场称为稳定温度场。机床上一般为不稳定温度场。

机床热变形的影响，主要有以下几方面：①由于机床各热源的分布及其所产生的热量都是不均匀的，因此机床各个零部件的温升和热膨胀也就不均匀，从而改变了各运动部件的相对位置及其位移的轨迹而影响加工精度；②改变滑移面的间隙，降低油膜的承载能力，使机床的工作条件恶化；③由于工件升温，与测量工具的温度不同，影响了测量精度。热变形对自动机床和自动化生产线以及高精度机床的影响更为严重。

进行车床热变形和温度场的测试。机床温升后，主轴中心线在空间的位置产生位移变化。其主要原因是：

1）主轴前后轴承的发热量不同，前端箱壁的热膨胀量大于后端壁的热膨胀量，使主轴中心线在垂直面内，以主轴箱垂直方向的定位面为基准，倾斜地向上升高。在水平面内以主轴箱侧向定位面为基准，向前偏移。

2）主轴箱内润滑油吸收了传动件运转时的摩擦热量，并经飞溅搅拌后，形成一个热源，通过箱体底部传给床身，床身受热后变形翘曲，使主轴箱在床身上的垂直方向定位基面和侧向定位基面的位置发生改变。

本实验采用相对测量法，测量主轴中心线相对于床身导轨的综合变形量。

车床温升后，主轴中心线在空间的位置发生了变化，为了测出主轴中心线的偏移量，在检验棒上选取近轴点和远轴点，以测定主轴中心线在其垂直面内的偏移量。首先，当机床空运转前和空运转一段时间后，用两个千分表，在如图 9-1 所示的安装位置进行测量。两次千分表所测得的读数差就是中心线的偏移量。为了消除主轴锥孔中心线径向跳动和检验棒本身的误差对测量结果的影响，必须要求两次测量中检验棒相对主轴中心孔的位置不变，而主轴本身也必须转到开始测量时的相同位置。

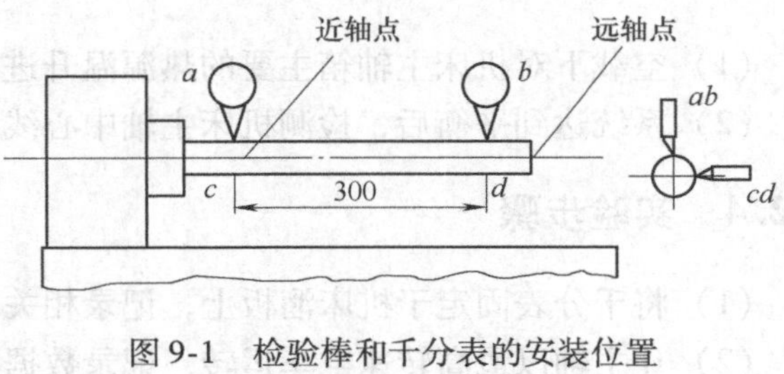

图 9-1　检验棒和千分表的安装位置

具体步骤如下：

1）擦净检验棒和主轴锥孔，将检验棒插入锥孔中，并作符号记下原始的主轴位置；

2）将磁力千分表座固定于机床溜板上，在水平和垂直位置分别装好千分表，如图9-1所示。

3）将溜板移至测量位置（近轴点和远轴点），千分表触头要紧靠检验棒 a 、c 点，然后将表针对“零点”，再移动溜板，将千分表移至另一端测量 b 、d 点，并记下读数，然后移开溜板，并记录数据。

记录数据：近轴点初始值（　，　），终了值（　，　）

远轴点初始值（　，　）终了值（　，　）

4）记录室温，打开主轴箱盖，用点温计顺次测量各热源（主轴前后轴承、摩擦离合器、液压泵、油池、大齿轮套、刹车轮等）的初始温度。再测出油池的池面高度。均记录在表9-3和表9-4中。

5）主轴以最高转速空车运转。

6）每隔10min，停车后打开主轴箱盖，测量各热源的温度（每次测量的顺序和测量的位置力求一致）。测量结果记录在表9-3中。

实验数据处理如下：

① 检验棒两测量点的轴向位置为横坐标，检验棒测量点的偏移量为纵坐标，画出主轴中心线偏移后在两个平面内的位置图。

② 根据转速图和传动系统图，对实验结果的各种曲线和数据进行分析，写出实验报告。

记录数据：近轴点初始值（　，　），终了值（　，　）

远轴点初始值（　，　）终了值（　，　）

表9-3　侧面各点的即时温度

测点 温度/℃ 时间	1	2	3	4	5	6	7	8	9	10	11	12	13	14	15	16
起始																
30min																
60min																

表9-4　端面各点的即时温度

测点 温度/℃ 时间	1	2	3	4	5	6	7	8	9	10	11	12
起始												
30min												
60min												

9.2.6 思考题

(1) 铣床和刨床的加工表面有什么不同?

(2) 举例说明车床加工的几种典型工序。

9.3 Y3150E 滚齿机床调整实验

9.3.1 实验目的

(1) 了解滚齿机用途、主要技术参数、主要部件的布局及相对运动关系。

(2) 通过加工一斜齿圆柱齿轮，熟悉滚齿机的换置计算和调整方法。

9.3.2 实验设备及仪器

Y3150E 型滚齿机床。

9.3.3 实验任务

(1) 根据给定的工件及滚刀的数据进行传动链的计算。

(2) 根据计算结果安装调试。

(3) 进行实际加工，对加工好的齿轮进行测量。

9.3.4 实验步骤

(1) 传动链计算。

(2) 安装调试。

(3) 实际加工。

9.3.5 实验内容

(1) Y3150E 型滚齿机床的加工规范

1) 工件最大直径：500mm。

2) 工件最大模数：8mm。

3) 最大加工宽度：250mm。

4) 工件最少齿轮：$\frac{z_{最少}}{K(滚刀头数)}=5$。

(2) Y3150E 型滚齿机床的刀架

1) 刀具最大直径：160mm。

2) 刀具最大长度：160mm。

3) 刀架最大回转角度：240。

4) 刀具最大轴向移动量：55mm。

5) 刀架垂直快速移动速度：0.5325m/min。

6）刀架垂直手移动每转移动量：0.75mm。

（3）Y3150E型滚齿机床的工作台

1）工作轴心到刀具轴心间的距离：最大330mm；最小30mm。

2）工作台面到刀具轴心间的距离：最大535mm；最小235mm。

3）工作台直径：510mm。

4）工作台液压快速移动距离：50mm。

5）工作台水平每转移动量：2mm。

6）工作台工件用心轴直径：30mm。

（4）切削速度传动链（电动机—滚刀）

其调整公式：
$$u=\frac{A}{B}\times U=\frac{n_{刀}}{124.583}$$

式中，$n_{刀}$ 为滚刀转速（转/分），$n_{刀}=\frac{1000v}{\pi d}$；$v$ 为切削速度；d 为滚刀直径。

滚刀切削速度是根据刀具材料、工件材料及粗、精加工的要求等来确定的，高速钢滚刀的切削范围见表9-5，以供参考。

表9-5　高速钢滚刀切削参数

工件材料	切削速度/（m/min）	
	粗　切	精　切
铸　铁	<20	20～25
钢（极限强度60MPa以下）	<80	30～35
钢（极限强度600MPa以上）	<25	25～35
青　铜	25～50	
塑　料	25～40	

试验使用机床备有三对变速齿轮，变换齿轮与主轴箱内推挡变速组相配合可得9级转速。

由公式 $n_{刀}=\frac{100v}{\pi d}$ 计算得的结果，如与上图表中转速不符，可选择与结果相近的一级主轴转速。

除上述计算法求 A、B 挂轮外，还可根据切削速度 v，查切削速度计算图的方法求 A、B 挂轮。切削速度计算图在机床使用说明内。

（5）分齿（范成）运动传动链　根据加工过程中滚刀每旋转一周，工作转过 $\frac{K}{z}$ 转，推出其调整公式：
$$u=\frac{a}{b}\times\frac{c}{d}\times\frac{e}{f}\times\frac{24K}{z_{刀}}$$

式中，K 为滚刀头数；$z_{刀}$ 为工件齿数。

当 $5\leqslant z_{工}/K\leqslant 20$ 时，取 $e=48$，$f=24$；当 $21\leqslant z_{工}/K\leqslant 142$ 时，取 $e=36$；$f=36$；当

$143 \leqslant z_{工}/K$ 时，取 $e=24$；$f=48$。

除上述计算求 a、b、c、d 外，还可用查表法求 a、b、c、d，更加简单、准确。

（6）轴向进给传动链　根据传动关系，工作台每转一周，滚刀刀架在垂直方向前进 Smm，推出调整公式：

$$U=\frac{a_1}{b_1}\times U_{进}=\frac{S}{0.4603\pi}$$

式中，S 由工件刀具材料及加工精度决定；$S=0.25\sim3$mm/r。

（7）差动传动链　加工斜齿轮时，要求滚刀在轴向进给的同时，齿坯要有相应的附加运动，即当滚刀在轴向进给一个导程时，要求齿坯附加旋转一转。推出公式为：

$$U=\frac{a_2}{b_2}\times\frac{c_2}{d_2}=q\frac{\sin\beta}{M_n K}$$

式中，M_n 为工件的法向模数；K 为滚刀头数；β 为工件螺旋角。

（8）滚刀的安装调整

1）了解滚刀心轴的安装方法及要求，并安装正确。

2）滚刀对中的调整，调整滚刀主轴前轴承的微调机构，轴向移动刀具主轴，使刀具中间的一刀齿或刀槽的对称中心线通过齿轮的中心，从而保证加工出的齿轮两侧齿形的对称性。

3）刀架安装角的调整。刀架安装角的调整见表 9-6。

表 9-6　刀架安装角的调整

工件旋向 / 滚刀旋向	右	左
右	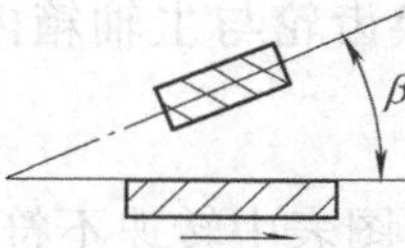	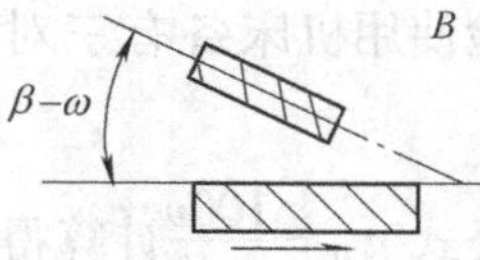
左	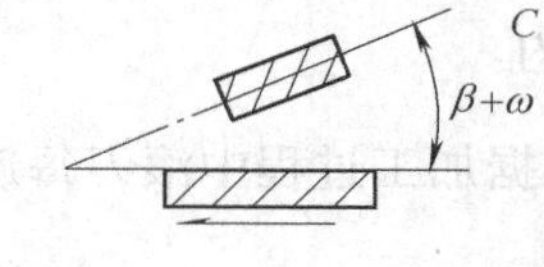	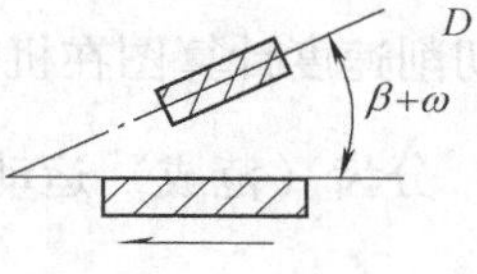

（9）工件的安装调整　本实验是以工件的孔和端面作定位基面，正确装夹后进行找正。

（10）分齿挂轮调整表　$21 \leqslant Z \leqslant 42$，$K=1$（除大于 100 齿的质数齿及其整倍数齿），$e=36$，$f=36$。

齿数 Z	交换齿轮				齿数 Z	交换齿轮				齿数 Z	交换齿轮			
	a	b	c	d		a	b	c	d		a	b	c	d
21	40				58	40	80	48	58	95	24			95
22	40	55	45	35	59	40	80	48	59	96	30	60	40	80
23	48	40	80	30	60	40	80	48	60	97	24			97
24	48			92	61	40	80	48	61	98	24			98
25	48			48	62	40	80	48	62	99	40	45	30	90
26	40	65	60	50	63	40	70	50	75	100	24			100
27	40			40	64	30			80	102	30	60	40	85
28	30			35	65	24			65	104	30	65	40	80
29	40	50	60	58	66	40	55	45	90	105	48	70	30	90
30	40			50	67	24			67	106	24	53	45	90
31	40	50	60	62	68	30			85	108	40	50	25	90
32	45			60	69	48	60	40	92	110	24	55	50	100
33	40			55	70	24			70	112	30	70	40	80
34	24			34	71	24			71	114	40	50	25	95
35	40	50	60	70	72	30			90	115	40	50	24	92
36	40			60	73	24			73	116	24	58	45	90
37	45	37	48	90	74	30	37	24	60	117	30	65	40	90
38	48	60	45	57	75	24			75	118	24	59	45	90
39	40			60	76	30			95	119	40	70	30	85
40	45			75	77	20	55	60	70	120	24	60	40	80
41	48	41	45	90	78	45	65	40	90	122	24	61	40	80
42	40			70	79	24			79	123	20	100	40	41
43	48	43	45	90	80	24			80	124	24	62	40	80
44	30			55	81	40	45	30	90	125	24	50	40	100
45	48			90	82	48	41	25	100	126	30	70	40	90
46	48			92	83	24			83	128	35	70	30	80
47	45	47	48	90	84	25	70	50	60	129	40	43	20	100
48	45			90	85	24			85	130	24	65	45	90
49	48			98	86	45	43	24	90	133	30	70	40	95
50	48			100	87	24	58	50	75	134	24	27	40	80
51	40			85	88	30	55	40	80	135	40	60	24	90
52	30			65	89	24			89	136	30	80	40	85
53	40	80	48	53	90	24			90	138	24	60	40	92
54	40			90	91	30	65	40	70	140	24	70	40	80
55	40	80	48	55	92	24			92	141	40	47	20	100
56	30			70	93	24	62	50	75	142	24	71	40	80
57	40			95	94	24	47	45	90					

9.3.6 思考题

1）在滚齿机上加工一对齿数不同的斜齿圆柱齿轮，其中一个齿轮加工完成后，再加工另一个齿轮时，要对机床进行哪些调整工作?

2）加工斜齿圆柱齿轮，在调整机床时，是根据齿轮的端面模数选刀，还是根据齿轮的法向模数选刀？为什么?

9.4 机械振动幅频特性、固有频率及阻尼比的测定实验

9.4.1 实验目的

（1）学会测量单自由度系统强迫振动的幅频特性曲线。

（2）能根据幅频特性曲线确定系统的固有频率和阻尼比。

9.4.2 实验设备及仪器

（1）振动教学试验台 ZJY－601T。

（2）振动教学试验仪 ZJY－601A。

（3）卡式采集仪 INV303。

（4）数据采集与信号处理软件 DASP2000。

9.4.3 实验任务

（1）测量单自由度系统强迫振动的幅频特性曲线。

（2）根据幅频特性曲线确定系统的固有频率和阻尼比。

9.4.4 实验步骤

（1）安装好试验设备并连线，质量块放到简支梁底部，传感器安装到简支梁的中部。

（2）进入 DASP2000 标准版的主界面，记录不同频率对应的振幅，绘制幅频特性曲线。

9.4.5 实验内容

有阻尼的强迫振动，当经过一定时间后，只剩下强迫振动部分，有阻尼强迫振动的振幅特性：

$$A=\frac{1}{\sqrt{(1-u^2)^2+4u^2D^2}}x_{st}=\beta x_{st}$$

动态振幅 A 和静态位移 x_{st} 之比称为动力放大系数 β：

$$\beta=\frac{1}{\sqrt{(1-u^2)^2+4u^2D^2}}=\frac{A}{x_{st}}$$

加速度响应和位移响应的关系：

$$\frac{x}{x_{st}}=\frac{x}{F_0/K}=\frac{1}{\sqrt{(1-u^2)^2+4u^2D^2}}\sin(\omega_e t-\varphi)=\beta\sin(\omega_e t-\varphi)$$

$$\frac{x}{F_0/K}=-\beta u^2\sin(\omega_e t-\varphi)=-\beta_a\sin(\omega_e t-\varphi)$$

根据幅频特性曲线（图 9-3）：

在 $D>1$ 时，共振处的动力放大系数 $|\beta_{max}|=\frac{1}{2D\sqrt{1-D^2}}\approx\frac{1}{2D}=Q$，峰值两边，$\beta=\frac{Q}{\sqrt{2}}$ 处的频率 f_1、f_2 称为半功率点，f_1 与 f_2 之间的频率范围称为系统的半功率带宽。

代入动力放大系数计算公式

$$\beta=\frac{1}{\sqrt{\left[1-\left(\frac{f_{1,2}}{f_0}\right)^2\right]^2+4\left(\frac{f_{1,2}}{f_0}\right)^2D^2}}=\frac{Q}{\sqrt{2}}=\frac{1}{2D\sqrt{2}}$$

当 D 很小时解得：$\left(\frac{f_{1,2}}{f_0}\right)^2\approx 1\mu 2D$　即 $f_2^2-f_1^2\approx 4Df_0^2$，$D=\frac{f_2-f_1}{2f_0}$。

如图 9-2 所示，安装好试验设备，并连线，质量块放到简支梁底部，传感器安装到简支梁中部；认真检查各连接件是否正确安装、紧固；检查各传感器信号线连接的正确性；系统上电预热 30min。

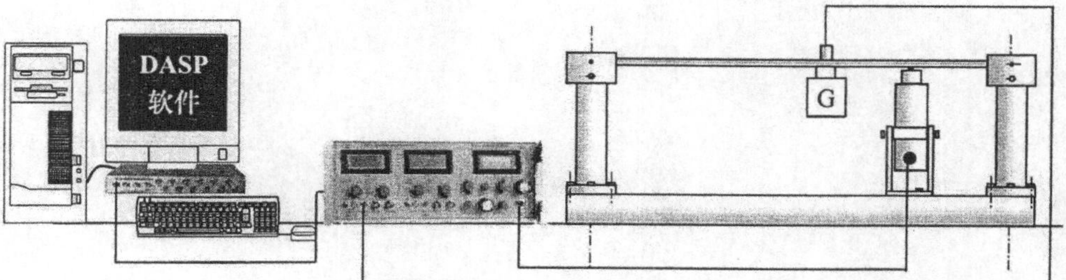

图 9-2　实验系统布置简图

开机进入 DASP2000 标准版的主界面；选择单通道按钮，进入单通道示波状态；把 ZJY－601A 型振动教学试验仪的频率按钮采用手动搜索简支梁当前的共振频率，调节放大倍数道“1”挡，不能使共振时的信号过载。把频率调到零，逐渐增大到 50Hz。每增加一次（约 2～5Hz，在共振峰附近尽量增加测点数），记录振幅数据和对应的频率数据。在测量过程中，如果振幅太小，可以调节放大按钮，记录数据时，要除以放大倍数。

记录不同频率对应的振幅，绘制幅频特性曲线，如图 9-3 所示；确定振幅的峰值和有效值，及其对应的频率。

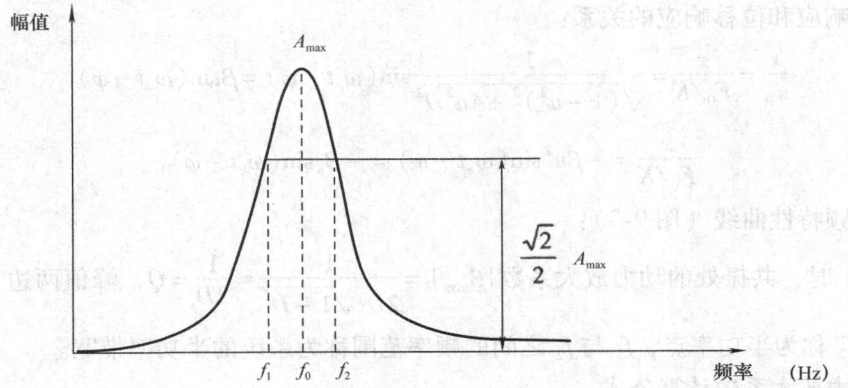

图 9-3　绘制的幅频特性曲线

9.4.6　思考题

（1）如何用 3 阶多项式拟合幅频特性曲线？

（2）如何根据拟和幅频特性曲线计算系统的阻尼？

实验报告19　切削温度测量实验

实验名称________________

实验日期________________

班级________________

姓名________________

同组人________________

成绩________________

一、实验目的。

二、实验设备及仪器型号。

三、实验数据记录。

四、思考题。

实验报告20　机床温度场和热变形实验

实验名称________________________

实验日期________________________

班级________________________

姓名________________________

同组人________________________

成绩________________________

一、实验目的。

二、实验设备及仪器型号。

三、实验数据记录。

四、思考题。

实验报告 21　Y3150E 滚齿机床调整实验

实验名称____________________________

实验日期____________________________

班级________________________________

姓名________________________________

同组人______________________________

成绩________________________________

一、实验目的。

二、实验设备及仪器型号。

三、实验数据记录。

四、思考题。

实验报告 22　机械振动幅频特性、固有频率及阻尼比的测定实验

实验名称________________________________

实验日期________________________________

班级____________________________________

姓名____________________________________

同组人__________________________________

成绩____________________________________

一、实验目的。

二、实验设备及仪器型号。

三、实验数据记录。

频率/Hz									
振幅									
频率/Hz									
振幅									
频率/Hz									
振幅									
频率/Hz									
振幅									

四、思考题。

参 考 文 献

[1] 韩秋实. 机械制造技术基础 [M]. 3 版. 北京：机械工业出版社，2010.

[2] 尹明富. 机械制造技术基础实验 [M]. 武汉：华中科技大学出版社，2008.

[3] 卢秉恒. 机械制造技术基础 [M]. 3 版. 北京：机械工业出版社，2004.

[4] 郑广花. 机械制造基础 [M]. 西安：西安电子科技大学出版社，2004.

[5] 孙鲁，刘凤棣. 机械加工现场工艺问题处理集锦 [M]. 北京：机械工业出版社，1999.

[6] 沈其文，徐鸿本. 机械制造工艺禁忌手册 [M]. 北京：机械工业出版社，2004.

[7] 熊良山. 机械制造技术基础 [M]. 武汉：华中科技大学出版社，2006.

[8] 张世昌. 机械制造技术基础 [M]. 北京：高等教育出版社，2005.

[9] 王先逵. 机械制造工程学基础 [M]. 北京：国防工业出版社，2008.

[10] 蔡光起. 机械制造技术基础 [M]. 沈阳：东北大学出版社，2002.

[11] 曾志新. 机械制造技术基础 [M]. 武汉：武汉理工大学出版社，2001.

[12] 傅水根. 机械制造工艺基础 [M]. 北京：清华大学出版社，1998.